T0192767

Wissenschaftliche Reihe Fahrzeugtechnik Universität Stuttgart

Herausgegeben von
M. Bargende, Stuttgart, Deutschland
H.-C. Reuss, Stuttgart, Deutschland
J. Wiedemann, Stuttgart, Deutschland

Das Institut für Verbrennungsmotoren und Kraftfahrwesen (IVK) an der Universität Stuttgart erforscht, entwickelt, appliziert und erprobt, in enger Zusammenarbeit mit der Industrie, Elemente bzw. Technologien aus dem Bereich moderner Fahrzeugkonzepte. Das Institut gliedert sich in die drei Bereiche Kraftfahrwesen, Fahrzeugantriebe und Kraftfahrzeug-Mechatronik. Aufgabe dieser Bereiche ist die Ausarbeitung des Themengebietes im Prüfstandsbetrieb, in Theorie und Simulation.
Schwerpunkte des Kraftfahrwesens sind hierbei die Aerodynamik, Akustik (NVH), Fahrdynamik und Fahrermodellierung, Leichtbau, Sicherheit, Kraftübertragung sowie Energie und Thermomanagement – auch in Verbindung mit hybriden und batterieelektrischen Fahrzeugkonzepten.
Der Bereich Fahrzeugantriebe widmet sich den Themen Brennverfahrensentwicklung einschließlich Regelungs- und Steuerungskonzeptionen bei zugleich minimierten Emissionen, komplexe Abgasnachbehandlung, Aufladesysteme und -strategien, Hybridsysteme und Betriebsstrategien sowie mechanisch-akustischen Fragestellungen.
Themen der Kraftfahrzeug-Mechatronik sind die Antriebsstrangregelung/Hybride, Elektromobilität, Bordnetz und Energiemanagement, Funktions- und Softwareentwicklung sowie Test und Diagnose.
Die Erfüllung dieser Aufgaben wird prüfstandsseitig neben vielem anderen unterstützt durch 19 Motorenprüfstände, zwei Rollenprüfstände, einen 1:1-Fahrsimulator, einen Antriebsstrangprüfstand, einen Thermowindkanal sowie einen 1:1-Aeroakustikwindkanal.
Die wissenschaftliche Reihe „Fahrzeugtechnik Universität Stuttgart" präsentiert über die am Institut entstandenen Promotionen die hervorragenden Arbeitsergebnisse der Forschungstätigkeiten am IVK.

Herausgegeben von

Prof. Dr.-Ing. Michael Bargende
Lehrstuhl Fahrzeugantriebe,
Institut für Verbrennungsmotoren und
Kraftfahrwesen, Universität Stuttgart
Stuttgart, Deutschland

Prof. Dr.-Ing. Hans-Christian Reuss
Lehrstuhl Kraftfahrzeugmechatronik,
Institut für Verbrennungsmotoren und
Kraftfahrwesen, Universität Stuttgart
Stuttgart, Deutschland

Prof. Dr.-Ing. Jochen Wiedemann
Lehrstuhl Kraftfahrwesen,
Institut für Verbrennungsmotoren und
Kraftfahrwesen, Universität Stuttgart
Stuttgart, Deutschland

Philipp Skarke

Simulationsgestützter Funktionsentwicklungsprozess zur Regelung der homogenisierten Dieselverbrennung

Philipp Skarke
Stuttgart, Deutschland

Zugl.: Dissertation Universität Stuttgart, 2016

D93

Wissenschaftliche Reihe Fahrzeugtechnik Universität Stuttgart
ISBN 978-3-658-17114-8 ISBN 978-3-658-17115-5 (eBook)
DOI 10.1007/978-3-658-17115-5

Die Deutsche Nationalbibliothek verzeichnet diese Publikation in der Deutschen Nationalbibliografie; detaillierte bibliografische Daten sind im Internet über http://dnb.d-nb.de abrufbar.

Springer Vieweg

Gedruckt auf säurefreiem und chlorfrei gebleichtem Papier

Springer Vieweg ist Teil von Springer Nature
Die eingetragene Gesellschaft ist Springer Fachmedien Wiesbaden GmbH
Die Anschrift der Gesellschaft ist: Abraham-Lincoln-Str. 46, 65189 Wiesbaden, Germany

Vorwort

Die vorliegende Arbeit entstand während meiner Tätigkeit als wissenschaftlicher Mitarbeiter am Institut für Verbrennungsmotoren und Kraftfahrwesen der Universität Stuttgart unter der Leitung von Herrn Prof. Dr.-Ing. M. Bargende.

Mein besonderer Dank gilt Herrn Prof. Dr.-Ing. M. Bargende für die wissenschaftliche und persönliche Betreuung dieser Arbeit sowie die Übernahme des Hauptreferates.

Herrn Prof. em. Dr.-Ing. habil. G. Hohenberg danke ich herzlich für das entgegengebrachte Interesse an der Arbeit und für die Übernahme des Koreferates.

Besonders bedanken möchte ich mich bei meinem Projektpartner Christian Auerbach für die gute Zusammenarbeit. Ich wünsche ihm für seine weitere Laufbahn alles Gute.

Außerdem bedanke ich mich bei allen Mitarbeitern des Instituts für Verbrennungsmotoren und Kraftfahrwesen (IVK) sowie des Forschungsinstitutes für Kraftfahrzeuge und Fahrzeugmotoren Stuttgart (FKFS), insbesondere bei Hans-Jürgen Berner, der mich während meiner Arbeit sehr unterstützt hat.

Zuletzt möchte ich mich bei meiner Familie, meiner Freundin und meinen Freunden bedanken, die mir während dieser interessanten, aber auch anstrengenden Zeit immer zur Seite standen.

Stuttgart Philipp Skarke

Vorwort

Inhaltsverzeichnis

Abbildungsverzeichnis

Tabellenverzeichnis

Abkürzungsverzeichnis

Abs	Absolut
Abw	Abweichung
AGD	Abgasgegendruckklappe
AGR	Abgasrückführung
ASP	Arbeitsspiel
ATL	Abgasturbolader
BA	Betriebsart
CA	Crank Angle
CAN	Controller Area Network
CFD	Computational Fluid Dynamics
CLD	Chemilumineszenz-Detektor
CO	Kohlenstoffmonoxid
cPCI	Compact Peripheral Component Interconnect
D	Dimension
DDR	Double data rate
DOC	Dieseloxidationskatalysator
DPF	Dieselpartikelfilter
DRV	Druckregelventil
ECU	Electronic Control Unit
EEPROM	Electrically Erasable Programmable Read-Only Memory
EGR	Exhaust Gas Recirculation
ETH	Eidgenössische Technische Hochschule
F	Sonderform der Kraftstoffspezies
FID	Flammenionisationsdetektor
FL	Frischluft
FSN	Filter Smoke Number
FTP	Federal Test Procedure
G(s)	Übertragungsfunktion
gem	Gemessen
GT	Gamma Technologies

GW	Grenzwert
HC	Unverbrannte Kohlenwasserstoffe
HCLI	Homogeneous Charge Late Injection
HD	Hochdruck
HiL	Hardware-in-the-Loop
HP	High Pressure
HPLI	Highly Premixed Late Injection
I_1	Virtuelle Kraftstoffspezies
I_2	Virtuelle Kraftstoffspezies
KF	Kennfeld
KP	Kraftstoffpfad
KW	Kurbelwinkel
LLK	Ladeluftkühler
LP	Luftpfad
LP	Low Pressure
max	Maximal
MiL	Model-in-the-Loop
MSS	Micro Soot Sensor
MVM	Mean-Value-Model
N_2	Stickstoff
ND	Niederdruck
NDPF	Nach Dieselpartikelfilter
NEDC	New European Driving Cycle
NEFZ	Neuer Europäischer Fahrzyklus
NiCrNi	Nickel-Chrom-Nickel
NO_X	Stickoxid
NV	Nach Verdichter
O_2	Sauerstoff
PC	Personal Computer
PID	Proportional, Integral und Differential
POS	Position aus der Lagerückmeldung
PWM	Pulsweitenmodulation

RAM	Random-access memory
Ref	Referenz
Reib	Reibung
RP	Rapid Prototyping
SG	Systemgrenze
SiL	Software-in-the-Loop
sim	Simuliert
SIMO	Single Input Multiple Output
SISO	Single Input Single Output
SOI	Start of Injection / Einspritzzeitpunkt
Soll	Sollwert
SR	Saugrohr
SRAM	Static random-access memory
SZ	Schwärzungszahl
TE	Thermoelement
Turb	Turbine
TV	Tastverhältnis
u. a.	Und andere
Umg	Umgebung
VDOC	Vor Dieseloxidationskatalysator
VDPF	Vor Dieselpartikelfilter
Verd	Verdichter
VTG	Variable Turbinen Geometrie
vZOT	Vor dem oberen Totpunkt im Arbeitszyklus
WLTC	Worldwide harmonized Light vehicles Test Cycle
XiL	Überbegriff MiL, SiL und HiL
xPC	Hardware-in-the-Loop Simulator von Mathworks
Y_1	Virtuelle Kraftstoffspezies
ZME	Zumesseinheit
ZOT	Oberer Totpunkt im Arbeitszyklus

Symbolverzeichnis

	Griechische Buchstaben	
α	Wärmeübergangskoeffizient	$W/(m^2K)$
Δ	Änderung	-
ε	Emissionsgrad	-
η	Wirkungsgrad	-
Γ	Parameter Kühlereigenschaften	$1/K^{0.5}$
κ	Adiabatenexponent	-
λ	Abgaszusammensetzung	-
λ	Wärmeleitkoeffizient	$W/(mK)$
∇	Nabla Operator	-
Ω	Empirischer Abstimmungsfaktor Druckgradientenmodell	-
Φ	ND-Aktorik Äquivalent	-
φ	Kurbelwinkel	KW
ρ	Dichte	kg/m^3
Θ	Massenträgheitsmoment	$kg\,m^2$
ξ	Drosselbeiwert	-

	Indizes
1	Position vor Verdichter / Systemeingang
2	Position nach Verdichter / Systemausgang
3	Position vor Turbine
3'	Position zwischen HD-AGR-Kühler und HD-AGR-Ventil
4	Position nach Turbine
5	Position nach Dieselpartikelfilter
5'	Position zwischen ND-AGR-Kühler und ND-AGR-Ventil
A	Aktivierung
a	Auslass
Arr	Arrhenius
Aus	Ausgang
b	Brenn
BB	Brennbeginn
bb	Blowby

e	Einlass
Ein	Eingang
f	Reibungsbedingt
fal	Fallend
hom	Homogen
HTC	Hochtemperaturverbrennung
i	Innere
j	Laufvariable
Krst	Kraftstoff
L	Frischluft
Leck	Leckage
M-Zone	Mischungszone
Mag	Magnussen
mi	Mittlerer indizierter
p	Druckbedingt
turb	Turbulenz
UV	Unverbrannt
V	Verbrannt
VHDAGR	Position kurz vor der HD-AGR-Beimischung
W	Wand
Zyl	Zylinder

	Lateinische Buchstaben	
A	Fläche	m^2
a	Spezifischer Anpassungsparameter	
A_j	Präexponentieller Faktor der Reaktion	
c	Schallgeschwindigkeit	m/s
c	Spezifischer Modellanpassungsparameter	
c_{Arr}	Abstimmparameter	$m^3/(kgs)$
$c_{Beimisch,1}$	Parameter zur Abstimmung der turbulenzbasierten Beimischung	-
$c_{Beimisch,2}$	Parameter zur Abstimmung der Beimischung aufgrund der Dichtedifferenz	-
c_{Mag}	Abstimmparameter	-
c_p	Spezifische Wärmekapazität bei konstantem Druck	J/(kgK)
C_s	Stefan-Boltzmann-Konstante	$W/(m^2K^4)$
D	Durchmesser	m
d	Bohrungsdurchmesser	m

dx	Infinitesimaler Abschnitt	m
$f_{\Delta H_R^0}$	Ausgleichsfaktor zur Normierung der Reaktionsenthalpien auf den Heizwert	-
H	Länge	m
H	Enthalpie	J
k	Spezifische Turbulenz im Brennraum	m^2/s^2
L_{st}	Stöchiometrisches Luftverhältnis	
M	Masse	kg
n	Motordrehzahl	U/min
p	Druck	Pa
Pr	Prandtl-Zahl	-
Q	Wärme	J
q	Spezifische Wärme	J/kg
R	Gaskonstante	J/(kgK)
r	Radius	m
r_{Arr}	Reaktionsrate des Arrhenius-Terms zur Zündverzugsberechnung	$kg/(m^3s)$
Re	Reynolds-Zahl	-
T	Temperatur	K
t	Zeit	s
U	Spannung	V
U	Innere Energie	J
u	Spezifische innere Energie	J/kg
V	Volumen	m^3
v	Geschwindigkeit	m/s
V_{Misch}	Virtuelles Volumen zur Beschreibung des Vermischungsvorgangs	m^3
$w_{Woschni}$	Geschwindigkeitsterm Wärmeleitkoeffizient	m/s
x	Anteil	-
ZV	Zündverzug	KW

Kurzfassung

Die vorliegende Arbeit beschreibt eine Luftpfadregelstruktur für die homogenisierte Dieselverbrennung. Unter Anwendung eines simulationsgestützten Funktionsentwicklungsprozesses erfolgt die Definition und Analyse des Regelungssystems zunächst auf virtueller Ebene. Über die Kopplung der Steuergerätsoftware mit einem virtuellen Verbrennungsmotor wird die Untersuchung von Funktionen in einer Model-in-the-Loop-Umgebung vor den Prüfstandsuntersuchungen ermöglicht. Die finale Überprüfung entwickelter Funktionen erfolgt durch Messungen am Motorenprüfstand mit einem Rapid-Prototyping Forschungssteuergerät.

Zur Erweiterung der thermodynamischen Grenzen des teilhomogenen Brennverfahrens wird die hochdruckseitige Abgasrückführung um einen niederdruckseitigen Abgasrückführpfad erweitert. Die Steuerung der Abgasmenge erfolgt über das ND-AGR-Ventil und die Abgasgegendruckklappe. Ein Echtzeitindiziersystem in Verbindung mit zylinderindividueller Brennraumdruckmessung erlaubt die Berechnung und Regelung von Indiziergrößen. Die Schnellemissionsmesstechnik zur Bestimmung der Stickoxid-, Ruß- und HC-Emissionen ermöglicht eine abschließende Bewertung des Funktionsrahmens während instationärer Motorbetriebsphasen. Untersuchungen zur homogenisierten Dieselverbrennung am Versuchsmotor weisen einen deutlichen Einfluss vom Ladedruck, von der Temperatur im Saugrohr und vom Sauerstoffgehalt im Einlasskrümmer auf die Verbrennung nach.

Der Ladedruck und der Sauerstoffgehalt im Saugrohr werden als Führungsgrößen definiert. Die Temperatur im Einlasskrümmer ist applikativ durch die AGR-Massenstromaufteilung beider Pfade steuerbar. Zur Berechnung der niederdruckseitigen Stellgliedposition wird ein Sauerstoffregelkreis mit modellbasierter Vorsteuerung vorgestellt. Eine ansaugseitig angebrachte Lambdasonde nach Verdichter bestimmt die Zusammensetzung des Frischluft-Abgas-Gemischs. Die Vorsteuerung errechnet über ein invertiertes Streckenmodell die zum applizierten Sollwert zugehörige Aktorikposition. Totzeit- und Trägheitseffekte der Einlassseite führen bei einem ND-AGR-System während transienten Phasen zu größeren Sollwertabweichungen des Sauerstoffgehalts im Saugrohr. Über eine modellbasierte Struktur wird der HD-AGR-Pfad zum Ausgleich der Totzeit und Trägheit des ND-AGR-Pfads verwendet. Zur Bestimmung des Sauerstoffgehalts vor der HD-AGR-Beimischung verzögert ein Streckenmodell der Ansaugstrecke das Lambdasondensignal nach Verdichter. Die

Kombination aus einem invertierten HD-AGR-Streckenmodell und einem Sauerstoffbilanzmodell des Brennraums ermöglicht die Berechnung des Ansteuersignals. Auf einen geschlossenen Regelkreis wird an dieser Stelle verzichtet. Die Regelung des Ladedrucks erfolgt über eine modellbasierte Steuerung der Turbinenleitschaufelposition mit einer adaptiven Regelstruktur in stationären Motorbetriebsphasen. Unter Verwendung eines virtuellen Turboladerdrehzahlsensors und der Turboladerkennfelder wird auf Basis physikalischer Zusammenhänge ein invertiertes Turboladermodell hergeleitet.

Das Bindeglied zwischen der im Rahmen dieser Arbeit vorgestellten Luftpfad- und der Kraftstoffpfadregelung ist der modellbasiert ermittelte Sauerstoffgehalt im Saugrohr. Das echtzeitfähige Modell zur Bestimmung des Sauerstoffgehalts im Einlasskrümmer erreicht sowohl während stationärer als auch transienter Motorbetriebsphasen eine hohe Qualität. Der ermittelte Sauerstoffgehalt im Saugrohr stellt eine wichtige Eingangsgröße für die Druckgradientenregelung dar. Ein empirisches Druckgradientenmodell bestimmt während teilhomogener Phasen den Einspritzzeitpunkt bei Sauerstoffüberschuss und -mangel.

Der Funktionsrahmen zur geregelten teilhomogenen und konventionellen Dieselverbrennung mit Betriebsartenumschaltung wird anhand der städtischen Phasen des „Neuen Europäischen Fahrzyklus" und des „Worldwide harmonized Light vehicles Test Cycle" validiert. Das Führungsverhalten der Luftpfadregelung ist durch geringe Sollwertabweichungen charakterisiert und unterliegt lediglich hardwarebedingter Limitierungen. Die Applikation des teilhomogenen Brennverfahrens führt zu einer signifikanten Reduktion der Stickoxid- und Rußemissionen. Die Verbrennungsregelung begrenzt die Brennraumdruckgradienten. Auch bei konventioneller Dieselverbrennung wird in transienten Phasen eine Reduktion der Schadstoffemissionen durch das vorgestellte Luftpfadregelungssystem erreicht.

Abstract

This thesis presents an air path control structure for the homogenized diesel combustion process. Using a simulation supported function development process, the control system is created and investigated. The coupling of the control unit software and the virtual internal combustion allows to analyze functions in model-in-the-loop environment first. In a next step the algorithm is validated by a rapid prototyping research control unit which is connected to a diesel engine at the testing bench.

To expand the thermodynamic limits of the partial homogeneous combustion process, a low-pressure EGR route is added to the high-pressure EGR system. A low-pressure EGR valve and an exhaust gas backpressure throttle is used to control the recirculated mass flow rate. A realtime indication system combined with individual cylinder pressure sensors enables the calculation and control of the indication parameters. Fast emission measurement systems to estimate the nitrogen oxide, soot and HC emissions allow the final evaluation of the function framework during transient engine operating conditions. Investigations on the homogeneous diesel combustion process verify the significant influence of the boost pressure, the intake temperature and the oxygen content in the intake manifold on the combustion.

The boost pressure and the oxygen content are defined as control variables. The inlet temperature is applied by the EGR mass flow spit of both EGR paths. An oxygen control system using a model-based feedforward structure to calculate the target position of the LP-EGR actuators is presented. A lambda probe after the compressor estimates the composition of the fresh air and exhaust gas mixture. Based on an inverted air path model and the applied target oxygen content the position signal is calculated. In case of a low-pressure EGR system, dead and lag time effects of the intake system cause higher target value deviations of the oxygen content in the intake manifold at transient operating conditions. Using a model-based structure, the high-pressure EGR loop is used to compensate the dead and lag time behaviour of the low-pressure EGR path. To estimate the oxygen content before high-pressure EGR mix in an intake path model delays the lambda probe signal after compressor. The combination of an inverted high-pressure EGR route model and an in-cylinder oxygen balance model allows the calculation of the feedforward value. At this point, a feedback control is not necessary. The boost pressure control system uses a model-based open loop control of the turbine nozzle position with an adaptive closed-loop control system at steady state operating conditions. The model uses the virtual turbine speed sensor signal and the turbine maps. Based on physical correlations, the inverted turbocharger model calculates the actuator position.

The link between the presented air path control system and the fuel path control system is the model-based value of the oxygen content in the intake manifold. The realtime-capable oxygen content model reaches a high quality at both steady state and transient operating conditions. The model-based estimation of the oxygen content represents an important input parameter of the in-cylinder pressure gradient control. At partial homogeneous combustion mode, the empirical based in-cylinder pressure gradient model estimates the start of injection under a control deviation of the oxygen content.

The function framework includes the control system of the partial homogeneous and conventional diesel combustion process as well as the combustion mode switch. The algorithm is validated in the urban parts of the New European Driving Cycle and the Worldwide harmonized Light vehicles Test Cycle. The controller behaviour of the air path system is characterized by minor deviations and is just subjected by limitations caused by the hardware. The application of a partial homogeneous combustion process leads to a significant reduction of nitrogen oxide and soot emissions. The injection control system limits the in-cylinder pressure gradients. Using the presented air path control system at conventional diesel combustion mode, a reduction of exhaust gas emissions is achieved at transient engine operating conditions.

1 Einleitung

Die stetige Reduktion der gesetzlich limitierten Abgaskomponenten und die Einigung der Fahrzeughersteller über einen europaweiten Grenzwert des Flottenverbrauchs treiben die Forschungs- und Entwicklungsarbeiten neuartiger Antriebsstrangkonfigurationen und optimierter Brennverfahren in den letzten Jahren voran [13, 94]. Seit der Einführung des Common-Rail Systems im dieselmotorischen Bereich gegen Ende der 1990er Jahre sind zusätzliche Freiheitsgrade bei der Regelung des Kraftstoffpfads gegeben [51, 59]. Ansätze zur Optimierung der verbrauchsbedingten Kohlenstoffdioxidemissionen stellen unter anderem die Weiterentwicklung von Verbrennungsmotoren durch Downsizing- und Hybridkonzepte sowie die Optimierung der mechanischen, thermodynamischen und aerodynamischen Eigenschaften relevanter Fahrzeugkomponenten dar [33, 89]. Die externe Abgasrückführung ermöglicht seit der Serieneinführung des Dieselpartikelfilters eine Entschärfung des charakteristischen Zielkonflikts der Ruß- und Stickoxidemissionen [80]. Nachteile der innermotorischen Stickoxidreduktion durch Abgasrückführung bei konventioneller Dieselverbrennung sind die verstärkte Filterbeladung und der regenerationsbedingt erhöhte Kraftstoffverbrauch. Die Umsetzung eines alternativen Konzepts wird seit der Entwicklung von Abgasnachbehandlungskomponenten für Stickoxidemissionen wie beispielsweise der selektiven katalytischen Reduktion ermöglicht [18]. Voraussetzung für die Verringerung der Stickoxidemissionen ist hierbei das Erreichen eines gewissen Temperaturniveaus des Abgasnachbehandlungssystems. Gerade für städtische Fahrprofile mit niedriger Last und geringen Abgastemperaturen ist dies problematisch. Vor dem Hintergrund einer geplanten Einführung der Emissionsüberwachung im praktischen Fahrbetrieb (Real-Driving-Emission) sind auch kraftstoffsparende Systeme zur Emissionsreduktion während städtischer Fahrphasen notwendig [63].

Einen alternativen Ansatz im Bereich der innermotorischen Optimierung bietet eine Homogenisierung der dieselmotorischen Verbrennung [24, 37, 56]. Konzepte der rein homogenen Dieselverbrennung mit einer Gemischansaugung oder einem sehr frühen Einspritzzeitpunkt stellen sich für den Serieneinsatz als nicht zielführend heraus. Eine teilhomogene Verbrennung hingegen hat aufgrund der bestehenden Regelbarkeit der Verbrennungslage über den Einspritzbeginn einen entscheidenden Vorteil [77]. Die Kombination aus stationären Abgasrückführraten von über 50 % und einer frühen Blockeinspritzung ermöglicht eine verbesserte Durchmischung der Zylinderladung durch die verlängerte Zündverzugsphase. Die damit verbundene Verminderung an lokal unterstöchiometrischen Zonen im Brennraum führt zu einer signifikanten Reduktion der Rußemissionen. Aufgrund des hohen Intergasanteils während der Verbrennung kommt es zu einem Rückgang der Stickoxidbildung. Eine Berücksichtigung des Motorgeräuschverhaltens erfordert die Entwicklung einer Verbrennungsregelung aufgrund der schnellen Wärmefreisetzung des teilhomogenen Brennverfahrens. Durch die bereits in der Serie verwendete Brennraumdruckindizierung sind Verbrennungskennwerte für die Motorregelung verfügbar, sodass eine stabile, emissions- und wirkungsgradoptimale Verbrennung unter sämtlichen Betriebsbedingungen und während der vollständigen Motorlebensdauer gewährleistet werden kann [34, 43, 98]. Neben der Regelung der Verbrennung durch die Injektoransteuerung wird die zeitliche Wärmefreisetzung der homogenisierten Dieselverbrennung wesentlich von dem Ladedruck, der Ansaugtemperatur und dem Restgasgehalt beeinflusst [3].

Forschungsgegenstand dieser Arbeit ist die Definition der Regelkreise für die Stellglieder des Turboladers sowie der nieder- und der hochdruckseitigen Abgasrückführung. Es wird ein Mehrgrößenregelungssystem für den Luftpfad zur Optimierung der teilhomogenen Verbrennung und der Betriebsartenumschaltung vorgestellt. Zur Verbesserung des Reglerentwicklungsprozesses wird eine virtuelle Methodik zum Aufbau des Steuergerätfunktionsrahmens definiert. Die Kopplung des Steuergerätalgorithmus mit einem virtuellen Motor ermöglicht den Aufbau einer Model-in-the-Loop Simulationsumgebung. Die Entwicklung der Regelstrukturen erfolgt im Vorfeld auf virtueller Ebene. Eine Bewertung des Potentials unterschiedlicher Regelalgorithmen gelingt ebenfalls in der Simulationsumgebung. Die Überprüfung des entwickelten Funktionsrahmens findet durch Motorenprüfstandsuntersuchungen mit einem Rapid-Prototyping Steuergerät statt. Anhand des Reglerführungsverhaltens, der Indiziergrößen und der Emissionswerte wird eine finale Bewertung des Mehrgrößenregelungssystems vollzogen.

2 Stand der Technik

Die steigende Beliebtheit der Dieselmotortechnik in den vergangenen Jahrzehnten führte zu einer anhaltenden Weiterentwicklung des selbstzündenden Aggregats. Bedingt durch die Problematik der inhomogenen, diffusiven Dieselverbrennung ist die Optimierung des Brennverfahrens durch den Zielkonflikt der gleichzeitigen Verbrauchs- und Emissionsminderung gekennzeichnet. Vor dem Hintergrund der immer strengeren gesetzlichen Limitierung der Schadstoffe und des Flottenverbrauchs werden Systeme zur Reduktion beider Größen benötigt.

2.1 Das konventionelle dieselmotorische Brennverfahren

Beim konventionellen dieselmotorischen Brennverfahren erfolgt die Einspritzung des Kraftstoffs kurz vor dem oberen Totpunkt direkt in die bereits verdichtete Luft des Brennraums. Durch die Wärmeübertragung von der Luft an den Kraftstoff wird das Gemisch entzündet. Die konventionelle Dieselverbrennung teilt sich in die Premixed-Verbrennung, in die mischungskontrollierte und die reaktionskinetischkontrollierte Phase auf [88]. Während der Vormischverbrennung erfolgt eine zügige Umsetzung des Kraftstoffs nach Ablauf des Zündverzugs. Die Umsatzgeschwindigkeit wird dabei hauptsächlich durch die Reaktionsgeschwindigkeit bestimmt, da die stattfindenden Reaktionen rein kinetisch kontrolliert ablaufen. Generell ist bei Brennbeginn der Einspritzvorgang noch nicht abgeschlossen. In diesem Fall vermischt sich der Kraftstoff zunächst mit der Zylinderfüllung. Die Vermischungsgeschwindigkeit wird durch die kinetische, turbulente Energie im Brennraum beeinflusst und bestimmt die zeitliche Umsetzung des Kraftstoffs. Eine diffusive Dieselverbrennung ist die Folge. Nach Einspritzende fällt die Brennrate aufgrund der reduzierten Vermischungsgeschwindigkeit ab. Die Abnahme des Frischluftanteils im Brennraum verursacht eine weitere Verlangsamung des Vermischungsprozesses. Während der fortschreitenden Brennraumexpansion führt die abfallende Brennraumtemperatur zu einer Abnahme der Reaktionsgeschwindigkeit. Die Brennrate wird über einen ausgedehnten Kurbelwinkelbereich reduziert und formt den diffusiven Ausbrand [66].

Das konventionelle Dieselbrennverfahren ist von dem Zielkonflikt der Stickoxid- und Rußemissionsbildung gekennzeichnet. Innermotorische Maßnahmen wie die Rückführung von verbranntem Abgas oder eine Veränderung des Einspritzprofils führen grundsätzlich zur Senkung einer der beiden Schadstoffkomponenten bei gleichzeitiger Erhöhung der anderen [64]. Die Umsetzung einer homogenisierten Verbrennung für den dieselmotorischen Antrieb ermöglicht eine gleichzeitige Reduktion der Ruß- und Stickoxidemissionen.

In zahlreichen Veröffentlichungen wird das Potential des alternativen Brennverfahrens zur Emissionsreduktion und Wirkungsgradoptimierung untersucht [23, 40, 60, 84]. Die Umsetzung einer homogenisierten Dieselverbrennung im Fahrzeug ist aufgrund der hohen Anforderungen an das Motorregelungssystem sehr anspruchsvoll. Ein ausgeprägtes Systemverständnis der physikalischen Vorgänge ist für den Funktionsrahmenentwicklungsprozess von fundamentaler Bedeutung.

2.2 Die Homogenisierung der dieselmotorischen Verbrennung

Zur Umsetzung der homogenisierten Dieselverbrennung existieren grundsätzlich die externe und interne Methode zur Gemischaufbereitung. Im externen Fall wird der Kraftstoff durch ein spezielles Einspritzsystem, den Atomizer, in den Einlasskrümmer eingebracht [37]. Abhängig von den luftpfadseitigen Randbedingungen erfolgt die Verbrennung zeitgleich im gesamten Brennraum. Die Homogenisierung des Kraftstoff-Luftgemischs in Verbindung mit hohen Abgasrückführraten ermöglicht die gleichzeitige Reduktion der Stickoxid- und Rußemissionen des Dieselmotors in einem eingeschränkten Last- und Drehzahlbereich. Die Trennung von Gemischbildung und Verbrennung beim vollhomogenen Brennverfahren erschwert jedoch dessen Regelung. Speziell während transienter Motorbetriebsbedingungen führt die Trägheit des Luftpfads zu ungewünschten Zuständen im Brennraum. Aufgrund der ausgeprägten Sensitivität des Brennverfahrens auf luftpfadseitige Änderungen der Randbedingungen ergeben sich unter Umständen durch eine sehr schnelle Verbrennung erhöhte Geräuschemissionen. Bei einer inneren Gemischbildung hingegen, erfolgt die Kraftstoffeinspritzung direkt in den Brennraum. Hohe Abgasrückführraten und eine frühe Einspritzung des Kraftstoffs ermöglichen ebenfalls eine im Vergleich zur diffusiven Dieselverbrennung verbesserte Homogenisierung. Untersuchungen aus [77] zeigen, dass der Einspritzbeginn für das vorgestellte Motorkonzept auf 30 °KW vor dem oberen Totpunkt begrenzt werden sollte. Bei früheren Spritzbeginnen ist durch die verstärkte Homogenisierung keine Beeinflussung der Verbrennungslage durch den Einspritzbeginn mehr möglich. Im Vergleich zum vollhomogenen Brennverfahren besitzt eine teilhomogene Verbrennung neben dem geringeren Hardwareaufwand den Vorteil der zusätzlichen Regelbarkeit durch den Kraftstoffpfad und wird daher im Rahmen dieser Arbeit als Brennverfahren eingesetzt. Aus thermodynamischen Gründen begrenzt sich die Anwendbarkeit der teilhomogenen Verbrennung auf einen eingeschränkten Kennfeldbereich. In Abbildung 2.1 sind die vorhandenen Last- und Drehzahlgrenzen der teilhomogenen Verbrennung dargestellt.

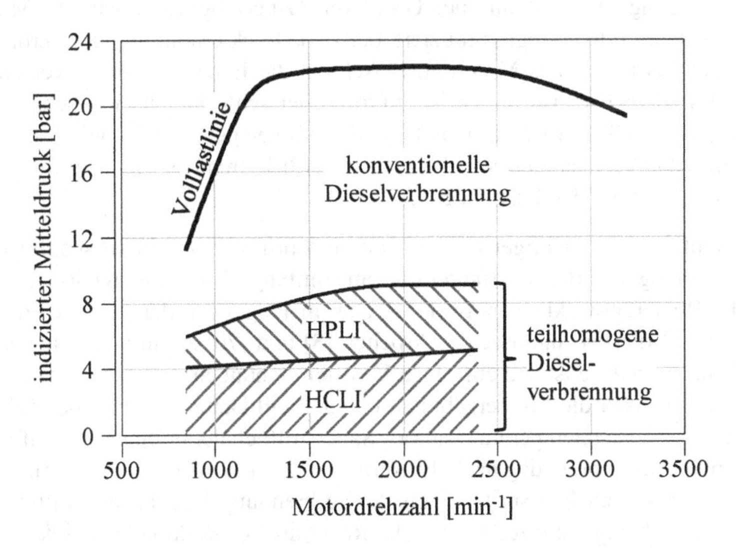

Abbildung 2.1: Kennfeldbereich der teilhomogenen Verbrennung [3]

Zur Umsetzung des alternativen Brennverfahrens erfolgt die Kraftstoffeinspritzung durch eine einzelne Blockeinspritzung. Der Beginn der Wärmefreisetzung wird über ein Tangentenverfahren anhand der Hochtemperaturverbrennung bestimmt.

In [3, 77] wird die teilhomogene Verbrennung in das Homogeneous Charge Late Injection (HCLI) und Highly Premixed Late Injection (HPLI) Brennverfahren unterteilt. Das HCLI-Brennverfahren ist ausschließlich bei unterer Teillast umsetzbar. Zur Optimierung des inneren Wirkungsgrads und zur Reduzierung der Schadstoffemissionen ist nach [76] ein Brennbeginn im oberen Totpunkt anzustreben. Die Menge an rückgeführtem Abgas steuert die Umsatzrate des Kraftstoffs und bestimmt die Größenordnung der maximalen Brennraumdruckgradienten und der resultierenden Geräuschemissionen. Die mit steigender Drehzahl abnehmende Zeit für die Gemischhomogenisierung begrenzt das Brennverfahren in der darstellbaren Motordrehzahl. Ab 2400 U/min ist aufgrund von Verbrennungsinstabilitäten eine Umschaltung zum konventionellen Dieselbrennverfahren notwendig. Eine Erhöhung der Last bei konstanten Brennraumdruckgradienten ist aufgrund der Lambdagrenze limitiert. Für einen Grenzwert von 6 bar/°KW des Brennraumdruckgradients und einer minimal zulässigen Abgaszusammensetzung λ von 1,2 ergibt sich die in Abbildung 2.1 dargestellte HCLI-Grenze. Um eine weitere Erhöhung der Last unter Berücksichtigung der physikalischen Grenzwerte zu ermöglichen, wird die Menge an rückgeführtem Abgas reduziert, der Ladedruck erhöht und die Verbrennung zur Reduktion des Motorengeräuschs in die Expansionsphase verschoben. Das HPLI-Brennverfahren ist aufgrund der schlechteren Gemischaufbereitung durch höhere Ruß-, CO- und HC-Emissionen gekennzeichnet [76]. Aus Gründen der Verbrennungsstabilität ist das HPLI-Brennverfahren in der darstellbaren Last und Drehzahl begrenzt.

Zur Identifikation wichtiger luftpfad- und einspritzseitiger Einflussparameter des teilhomogenen Brennverfahrens ist eine umfangreiche Sensitivitätsanalyse für die Reglerentwicklung notwendig. Die im Folgenden dargelegten Ergebnisse fassen die Erkenntnisse der Arbeiten [3] und [76] zusammen. Eine ausführlichere Analyse ist den einzelnen Veröffentlichungen zu entnehmen. Luftpfadseitig weisen die Messergebnisse einen signifikanten Einfluss des Ladedrucks, der Ansaugtemperatur und des Sauerstoffgehalts im Saugrohr auf die teilhomogene Verbrennung nach. Einspritzseitig wird ein ausgeprägter Zusammenhang zwischen dem Spritzbeginn, der Verbrennungslage und der zeitlichen Wärmefreisetzung aufgezeigt. Über die Regelung des Raildrucks und der Ansteuerdauer der Blockeinspritzung wird eine Veränderung des indizierten Mitteldrucks ermöglicht. Die Erkenntnisse bilden die Grundlage für den späteren Regelstrukturentwicklungsprozess der teilhomogenen Dieselverbrennung.

2.2.1 Der Ladedruckeinfluss auf die teilhomogene Verbrennung

Die Analyse der Sensitivität des teilhomogenen Brennverfahrens auf Veränderungen im Zylinderdruck bei Einspritzbeginn erfolgt über eine Variation des Saugrohrdrucks. In Abbildung 2.2 ist der Einfluss des Ladedrucks auf die zeitliche Wärmefreisetzung dargestellt. Der Brennverlauf beschreibt die Umwandlung von chemisch gebundener Energie im Kraftstoff zu Wärmeenergie. Über die Veränderung der Turbinenleitschaufelposition wird eine Variation des Ansaugdrucks ermöglicht. Die Ergebnisse zeigen den deutlichen Zusammenhang zwischen dem Ladedruck und dem Zündverzug der Hochtemperaturverbrennung. Als Zündverzug wird die Phase zwischen Einspritzbeginn und Brennbeginn definiert. Dieser Effekt wird auf die mit steigender Zylinderfüllung verbundene Erhöhung der absoluten Anzahl an Sauerstoffmolekülen zurückgeführt. Über die Dauer des Zündverzugs wird der Grad an Homogenisierung des Gemischs bestimmt. Die mit steigendem Zündverzug verbesserte Homogenisierung des Kraftstoffdampfs mit der Zylinderladung führt zu einer verstärkten Ausmagerung der Gemischwolke und verursacht eine Vergrößerung der Brenndauer. Daher sinkt bei niedrigerem Saugrohrdruck das Brennverlaufsmaximum, während die Brenndauer vergrößert wird.

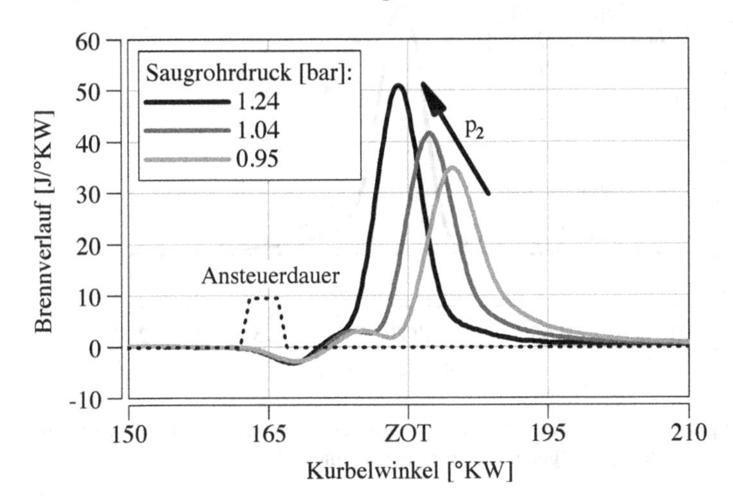

Abbildung 2.2: Sensitivität der teilhomogenen Verbrennung auf Veränderungen im Ladedruck [3]

Weiterführende Messergebnisse in [3] mit konstantem Brennbeginn der Hochtemperaturverbrennung verdeutlichen den getrennten Effekt des Ladedrucks auf den Zündverzug und auf die maximalen Brennraumdruckgradienten. Um bei einer Erhöhung des Ladedrucks den emissions- und wirkungsgradoptimalen Brennbeginn im oberen Totpunkt zu gewährleisten, ist ein späterer Einspritzzeitpunkt notwendig. Der kürzere Zündverzug und die damit verbundene Beeinflussung der Gemischaufbereitungsphase führt zu einer Erhöhung der Druckgradienten trotz identischer Verbrennungslage. Der Saugrohrdruck ist folglich eine wichtige Führungsgröße für das Regelungssystem der teilhomogenen Verbrennung.

2.2.2 Der Einfluss des Sauerstoffgehalts auf die teilhomogene Verbrennung

Neben dem Saugrohrdruck stellt die Zusammensetzung des angesaugten Abgas-Frischluft-Gemischs eine wichtige Einflussgröße des teilhomogenen Verbrennungsablaufs dar. Bereits in [76, 86] wird daher der Sauerstoffgehalt im

Saugrohr als Führungsgröße für die teilhomogene Verbrennung festgelegt. In Abbildung 2.3 sind die Messergebnisse für eine Variation des Sauerstoffgehalts im Saugrohr aus [3] dargestellt.

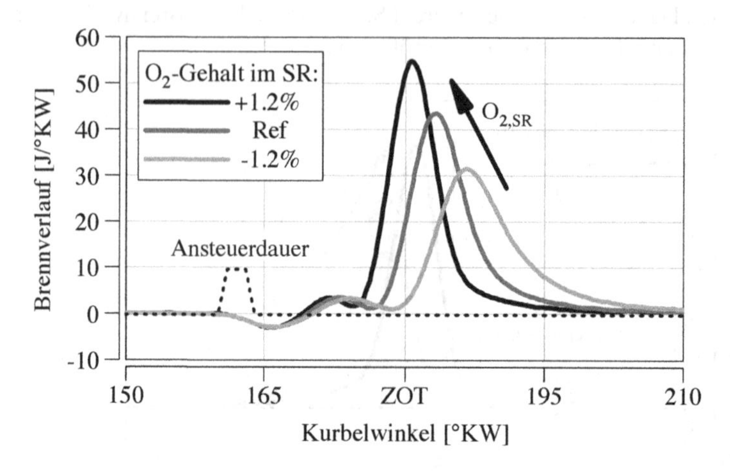

Abbildung 2.3: Sensitivität der teilhomogenen Verbrennung auf Veränderungen im Sauerstoffgehalt des Einlasskrümmers [3]

Der Sauerstoffgehalt im Einlasskrümmer wird vollständig durch die niederdruckseitige Abgasrückführung eingestellt. Ladedruck und Ansaugtemperatur sind konstant. Die mit steigender AGR-Rate reduzierte Anzahl an möglichen Reaktionspartnern für den Kraftstoff verursacht eine Erhöhung des Zündverzugs und der Brenndauer. Das Brennverlaufsmaximum und die maximalen Brennraumdruckgradienten werden dabei reduziert. Neben der Beeinflussung des Brennverlaufs führt eine Reduktion des Sauerstoffgehalts im Saugrohr zu einer erhöhten Inertgasmasse mit vergleichsweise hoher Wärmekapazität. Die thermisch bedingte Stickoxidbildung nimmt durch die niedrigen Brennraumspitzentemperaturen im Verbrannten ab. Bei höheren Abgasrückführraten führt die reduzierte Brennraumtemperatur durch die Inertgasmasse zu einer erhöhten HC- und CO-Bildung. Weiterführende Analysen in [3] bestätigen den Effekt des Sauerstoffgehalts im Einlasskrümmer auf den Verbrennungsablauf. Bei einem konstanten Brennbeginn im Bereich des oberen Totpunkts führt eine Reduktion der AGR-Rate zu steigenden maximalen Brennraumdruckgradienten. Die Zusammensetzung des Gemischs aus Abgas und Frischluft beeinflusst sowohl die Verbrennungslage als auch die Gemischbildungsphase, woraus eine entsprechende Veränderung der zeitlichen Wärmefreisetzung resultiert. Vor dem Hintergrund der Ergebnisse ist neben dem Ladedruck der Sauerstoffgehalt im Saugrohr eine relevante Führungsgröße für das Luftpfadregelungssystem. Regelfehler führen unter Umständen aufgrund der ausgeprägten Sensitivität zu einem schlechteren Wirkungsgrad und zu einer Erhöhung der anfallenden Abgas- und Geräuschemissionen.

2.2.3 Der Einfluss der Ansaugtemperatur auf die teilhomogene Verbrennung

In [3] wird der Temperatureinfluss der Frischladung im Saugrohr auf die teilhomogene Verbrennung untersucht. Die Ergebnisse sind in Abbildung 2.4 dargestellt. Der Ladedruck und der Sauerstoffgehalt im Einlasskrümmer werden nicht verändert. Über die Variation der Konditioniertemperatur des Ladeluftkühlers wird der Einfluss der Starttemperatur auf die teilhomogene Verbrennung untersucht. Die Erhöhung der Temperatur führt zu einer umgekehrt proportionalen Veränderung der Zylinderfüllung. Einerseits wird die absolute Anzahl an Reaktionspartnern der Kraftstoffmoleküle durch eine Starttemperaturerhöhung reduziert, andererseits überwiegt der Temperatureinfluss auf die Radikalbildung, sodass die Zündverzugsphase mit steigender Starttemperatur reduziert wird. Im Betrieb gelingt eine bewusste Variation der Ansaugtemperatur über eine Veränderung der stationären HD- und ND-AGR-Aufteilung. Der Ausgleich einer Veränderung der Umgebungstemperatur erfolgt über die Aufteilung der rückgeführten Abgasmengen.

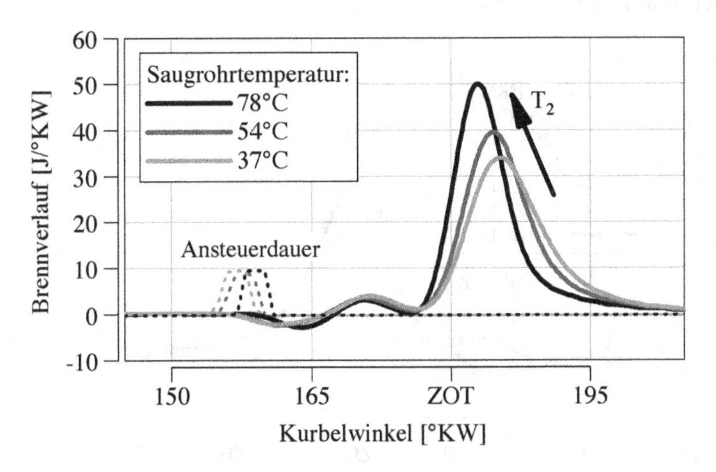

Abbildung 2.4: Sensitivität der teilhomogenen Verbrennung auf Veränderungen der Ansaugtemperatur [3]

2.2.4 Der Einfluss des Einspritzpfads auf die teilhomogene Verbrennung

Die Wärmefreisetzung bei der dieselmotorischen Verbrennung wird wesentlich durch das Einspritzprofil des Injektors bestimmt [66]. Über das Einspritzmuster wird die Anzahl der Einspritzungen festgelegt. Das Zusammenlegen der Vor- und Haupteinspritzung zu einer einzigen Blockeinspritzung führt zu einer Vergrößerung des Zündverzugs [3]. Das hat eine verbesserte Homogenisierung des Kraftstoff-Luft-Gemischs zur Folge. Die eingespritzte Kraftstoffmasse definiert die maximal umsetzbare Energiemenge und wird durch die Ansteuerdauer und den Raildruck festgelegt. Untersuchungen in [76, 86] zeigen eine deutliche Verbesserung der Homogenisierung bei einer Blockeinspritzung durch eine Raildruckerhöhung. Aus diesem Grund wird für die teilhomogene Verbrennung ein, im Vergleich zum konventionellen Dieselbrennverfahren, erhöhter Raildruck vorgegeben. Über die Veränderung der Ansteuerdauer der Blockeinspritzung erfolgt die Steuerung der eingespritzten Masse. In [86] wird daher die Ansteuerdauer als Führungsgröße der Lastregelung definiert. Neben dem Raildruck und der Ansteuerdauer wird der Verbrennungsablauf wesentlich vom Einspritzbeginn bestimmt. Die Messergebnisse zur Sensitivitätsanalyse des Einspritzbeginns aus [3] sind in Abbildung 2.5 dargestellt. Wird der Ansteuerbeginn ausgehend von einem Referenzpunkt verschoben, verändert sich der Brennverlauf deutlich. Aufgrund der längeren Zündverzugsphase nähert sich die Verbrennung bei einem sehr frühen Einspritzbeginn der einer vollhomogenen Wärmefreisetzung an.

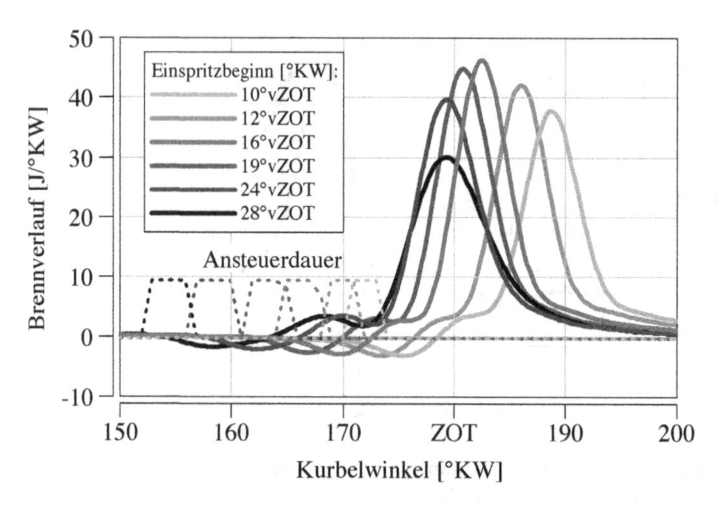

Abbildung 2.5: Sensitivität der teilhomogenen Verbrennung auf Veränderungen des Einspritzzeitpunkts [3]

Ein Brennbeginn am oberen Totpunkt verursacht eine vergleichsweise schnelle Wärmefreisetzung und führt zu erhöhten Brennraumdruckgradienten. Wird der Brennbeginn in die Expansionsphase verschoben, reduzieren sich die maximalen Brennraumdruckgradienten und die Brenndauer steigt an. Eine Verschlechterung des Kraftstoffumsetzungsgrads und eine Erhöhung der HC- und CO-Emissionen resultieren aus der verlängerten Brenndauer. Im Rahmen dieser Arbeit wird der vorgestellte Zusammenhang zwischen maximalem Druckgradienten, Brennbeginn und Einspritzbeginn ausgenutzt, um die Geräuschemissionen während transienten Phasen zu begrenzen.

2.3 Die Luftpfadregelung des Dieselmotors

Die Ergebnisse der Sensitivitätsanalyse zeigen eine deutliche Abhängigkeit der teilhomogenen Verbrennung gegenüber Veränderungen der physikalischen Randbedingungen im Luftpfad. Eine Regelung mit guten Führungseigenschaften ist daher für die Umsetzung des teilhomogenen Brennverfahrens von signifikanter Bedeutung. Zur Regelung des Luftpfads mit konventionellem und alternativem Brennverfahren existieren in der Literatur bereits unterschiedlichste Strukturen.

2.3.1 Die Luftpfadregelung bei konventioneller dieselmotorischer Verbrennung

In der Literatur werden zur Regelung des Luftpfads mit konventionellem Dieselbrennverfahren häufig die Luftmasse und der Ladedruck als Führungsgrößen definiert. Nach [57] unterteilt sich das Basis-Regelungskonzept der Frischluftmasse in drei Bereiche: die Sollwertberechnung, die Vorsteuerung und die Stellwertberechnung. In der Sollwertstruktur wird der Sollwert unter Berücksichtigung der Korrekturfunktionen und der systembedingten Trägheit betriebspunktabhängig dem Regler vorgegeben. Zur Unterstützung des instationären Führungsverhaltens werden die stationär zum Sollwert zugehörigen Stellgliedpositionen mit dem Reglerausgang addiert. Eine Begrenzung des AGR-Regelungsbetriebs wird unter Berücksichtigung einer Hysterese umgesetzt. Die Basisvariante der Ladedruckregelung teilt sich nach [57] in analoger Weise zur Luftmassenregelung in die drei Bereiche auf. Bereits in [55] wird zur Führung der Luftmasse und des Ladedrucks ein modellgestütztes prädiktives Regelungssystem entwickelt, welches die gegenseitige Interaktion beider Systeme berücksichtigt. Da jedoch die Zusammensetzung und Masse der Zylinderladung die vom Motor ausgestoßenen Abgasemissionen direkt beeinflussen, eignen sich Frischluftmasse und Ladedruck nur bedingt als Regelgrößen. In [57] wird daher eine alternative Sollwertstruktur mit der AGR-Masse und Gesamtfüllung als Regelgrößen vorgeschlagen. Über eine zylinderdruckbasierte Füllungserfassung und ein echtzeitfähiges Modell des Luftpfads wird die AGR-Masse und die Zylinderfüllung ermittelt. Aufgrund der Systemvolumina gleicht bei transienten Motorbetriebsbedingungen der gemessene Frischluftmassenstrom vor Verdichter nicht dem Massenstrom vor der HD-AGR-Beimischung. Über die Berücksichtigung der Druckänderungsrate wird zur Berechnung der AGR-Rate mittels Modell der notwendige Massenstrom errechnet. Als alternatives Verfahren zur Bestimmung der Zylinderfüllung wird in [21] ein künstliches neuronales Netzwerk zur Bestimmung des Liefergrads vorgestellt. Bei geringer Rechenzeit wird ohne Zylinderdruckindizierung eine vergleichbare Genauigkeit erzielt. Die Funktionen der Abgasrückführmassen- und Füllungsregelung aus [57] unterteilen sich in die Bereiche der Regelung, Entkopplung, Vorsteuerung und Koordination. In Abbildung 2.6 ist die P-kanonische Modellstruktur der Regelstrecke schematisch dargestellt. Die gegenseitige Beeinflussung des Turbolader- und AGR-Systems erfordert die Formulierung eines Mehrgrößenregelungssystems.

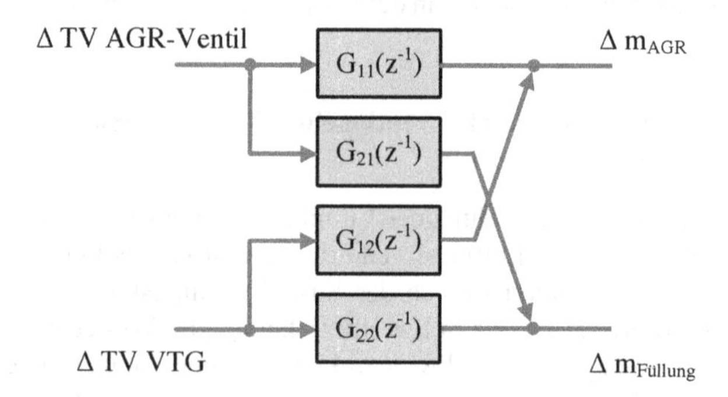

Abbildung 2.6: Modellstruktur Ladedruck- und Luftmassenregelsystem [57]

Die Beurteilung der Genauigkeit des Füllungsmodells und der Regelgüte erfolgt im NEFZ. Das veränderte Regelkonzept führt im Vergleich zur Basisvariante zu einer gleichzeitigen Reduktion der Stickoxid- und Rußemissionen. In [71] wird ein modellbasiertes Regelungskonzept für Dieselmotoren mit zwei Abgasrückführpfaden und einer ansaugseitigen Drossel vorgestellt. Um das Mehrgrößenregelungssystem durch echtzeitfähige Modelle zu unterstützen, werden virtuelle Sensoren zur Bestimmung notwendiger Drücke, Temperaturen und Massenströme entwickelt und eingesetzt. Als Führungsgrößen werden der Ladedruck und die Frischluftmasse definiert. Ausgehend vom applizierten Sollwert der Luftmasse wird über ein Füllungsmodell des Motors zunächst der notwendige Gesamt-AGR-Massenstrom bestimmt. Abhängig vom vorgegebenen Anteil der ND-AGR wird der Zielwert des rückgeführten Abgasmassenstroms beider AGR-Pfade ermittelt. Auf Basis des definierten AGR-Massenstroms wird die effektive Strömungsfläche dem PI-Regler vorgegeben. Die Bestimmung des Istwerts der effektiven Strömungsfläche erfolgt über die modellbasierte Überprüfung der vorhandenen rückgeführten Abgasmenge. Die Regelung ermittelt die Ansteuerposition der Aktorik. Die Verwendung der virtuellen Sensoren ermöglicht die Reduktion der einzusetzenden Hardware und führt zu einem deutlich verbesserten Regelverhalten durch die modellbasierte Unterstützung der Funktionsstruktur. Bereits in zahlreichen Veröffentlichungen wird der Sauerstoffgehalt bzw. der Luftmassenanteil des Luft-Abgas-Gemischs im Einlasskrümmer als verbrennungsrelevante Größe charakterisiert [58, 61, 69]. Speziell bei mager betriebenen Dieselmotoren führt eine Abgasrückführung zu einem Zirkulationseffekt der Gaszusammensetzung. Die Verwendung einer zusätzlichen niederdruckseitigen Abgasrückführung verstärkt diesen Effekt. Der Parameter AGR-Rate beschreibt in transienten Motorbetriebsphasen nicht die Randbedingungen der Verbrennung. Die Luftmasse wird daher in der Literatur durch die Gaszusammensetzung als Führungsgröße ersetzt. In [58] wird ein virtueller Sensor zur Bestimmung des Sauerstoffgehalts im Saugrohr für einen Dieselmotor mit hochdruckseitiger Abgasrückführung vorgestellt. Über die Verknüpfung der AGR-Rate mit der Abgaszusammensetzung wird der Sauerstoffgehalt im Saugrohr bestimmt.

In [15] wird ein semi-physikalischer Ansatz zur echtzeitfähigen Bestimmung der AGR-Rate und des Sauerstoffgehalts im Einlasskrümmer hergeleitet. Eine Zuordnung der Fehlzündungen während transienten Betriebsphasen zum Modellwert ermöglicht eine bessere Interpretation der Messergebnisse. Im Gegensatz zu physikalisch basierten Ansätzen zur Bestimmung des Sauerstoffgehalts im Saugrohr, wird in [61] eine mathematische Methode verwendet. Im Rahmen der Untersuchungen werden die Ergebnisse eines künstlichen neuronalen Netzwerks und die eines Neuro-Fuzzy-Inferenzsystems zur Bestimmung des volumenbezogenen Sauerstoffgehalts bei Betriebspunkten mit HD-AGR verglichen. Beide Modelle erreichen für die Validierungsdaten eine absolute Abweichung von maximal 0,9 % im Sauerstoffgehalt. Das Transportverhalten des Sauerstoffgehalts zwischen dem Auslass- und Einlassventil eines Dieselmotors mit zwei Abgasrückführstrecken ist wesentlich vom Motorbetriebspunkt abhängig. Die Berücksichtigung der systembedingten Unterschiede beider AGR-Strecken im Luftpfadregelungssystem sind von signifikanter Bedeutung. In [101] wird ein physikalischer Ansatz zur Beschreibung der Transportvorgänge dargelegt und anhand von Simulationsergebnissen eines Strömungsmodells validiert. Auf der Grundlage der mittels „Mean Value Model" errechneten Systemmassenströme wird, abhängig vom Finiten Volumen, die Totzeit bestimmt. In [11] wird ein virtueller Sensor zur Bestimmung der Sauerstoffkonzentration im Einlasskrümmer vorgestellt. Die Validierung des Modells erfolgt anhand von instationären Messdaten eines Dieselmotors mit hochdruckseitiger Abgasrückführung. Ausgehend von der eingespritzten Kraftstoffmasse oder von der gemessenen Abgaszusammensetzung λ, wird unter Berücksichtigung der Streckenlaufzeit der Sauerstoffgehalt im Einlasskrümmer errechnet. Die Luftmassenregelung wird durch eine kaskadierte Regelung des Sauerstoffgehalts im Saugrohr ersetzt. Die innere Schleife der Kaskadenstruktur beschreibt die Regelung der AGR-Rate. Die äußere Schleife bestimmt den Sollwert für die Abgasrückführrate. Beide Kreise unterscheiden sich in ihrer Regelgeschwindigkeit. Aufgrund des Zirkulationseffekts des Sauerstoffgehalts ist eine Veränderung der AGR-Rate deutlich direkter möglich und wird folglich als Führungsgröße der inneren Schleife definiert. Einen unterschiedlichen Ansatz zur Regelung des Luftpfads und der Verbrennung verfolgt die ETH Zürich im Rahmen mehrerer Forschungsprojekte. In [83] wird ein Mehrgrößenregelungssystem der Stickoxid- und Rußemissionen zur Beeinflussung des Trade-Offs beschrieben. Als Führungsgrößen werden die Abgaszusammensetzung λ und die Stickoxidemissionen definiert. Echtzeitfähige Modelle für die Regelgrößen werden im NEFZ validiert und unterstützen die Regelstruktur. Im Vergleich zur konventionellen AGR-Regelung ermöglicht die Verwendung des Mehrgrößenregelungssystems den Ausgleich von Fehlern im Luft- und Kraftstoffpfad. Über eine Optimierung der Sollwerte für den Emissionsregler wird eine Reduktion des Kraftstoffverbrauchs durch eine gezielte Beeinflussung des NOx-Ruß-Trade-Offs erreicht.

In [92] wird die in [83] eingeführte Führungsgröße λ durch einen virtuellen Rußsensor ersetzt, wodurch eine direkte Regelung der angefallenen Stickoxid- und Rußemissionen ermöglicht wird. Neben der AGR-Ventilposition zur Regelung der Stickoxidemissionen wird die Position der Drallklappen des Dieselmotors als Stellgröße des Rußregelkreises definiert. Die Funktionsweise des Regelungssystems wird durch Untersuchungen im NEFZ und im FTP-72 bestätigt. Die Emissionsregelung benötigt keine Vorgabe von Sollkennfeldern für die Luftpfadgrößen. Der vorgestellte modellbasierte Ansatz ermöglicht die direkte Regelung der vorgegebenen Emissionssollwerte. Eine weitere Verbesserung der Regelstrategie durch die Einführung einer optimierten feedbackbasierten Emissionsregelung wird in [22] ausgeführt. Durch eine universelle Kalibrierung des Steuergeräts wird eine Online-Umstellung der Emissionsstrategie des betriebswarmen Motors jederzeit ermöglicht. Der Ansatz aus [93] zur virtuellen Bestimmung der Emissionen wird durch weiterführende Prüfstandsuntersuchungen verbessert. Die Untersuchungen des Motorbetriebsverhaltens mit optimierter Emissionsregelung erfolgt anhand der Fahrprofile NEFZ und WLTC. Ein emissionsbasiertes und ladungswechseloptimiertes Luftpfadregelungssystem für das dieselmotorische Brennverfahren wird in [48, 49, 85, 95] für eine Real-Driving-Emission-Anwendung vorgestellt. In [48] wird zunächst die Sensitivität der Ruß- und Stickoxidbildung auf Luftpfadgrößen untersucht und durch einen empirischen Modellansatz erfasst. Zur Regelung der AGR-Rate und der Turbinenleitschaufelposition wird ein Mehrgrößenregelungssystem mit dem Ladedruck bzw. Abgasgegendruck und den Stickoxidemissionen als Führungsgrößen definiert. Ein alternativer Regelkreis der Turbinenleitschaufelposition ermöglicht das Führen der Gemischzusammensetzung λ. Speziell in transienten Phasen wird durch die Verwendung des Emissionsmodells zur Bestimmung der Sollwerte für die Luftpfadregelung eine signifikante Reduktion der Stickoxid- und Rußemissionen erreicht. In [85] wird ein Verfahren zur modellbasierten Bestimmung des Sollladedrucks unter Optimierung des Gesamtwirkungsgrads konkretisiert, welches in [48] zur Aufteilung der AGR-Raten eines mehrpfadigen Abgasrückführsystems verwendet wird. Die Berechnung des Anteils an niederdruckseitiger Abgasrückführmenge erfolgt über ein Verdichtermodell unter Optimierung des Verdichterwirkungsgrads. Der zur Regelung der AGR-Pfade notwendige Sollwert des Sauerstoffgehalts im Einlasskrümmer wird über ein invertiertes NOx-Modell errechnet. Die Regelung der Temperatur im Einlasskrümmer erfolgt durch ein invertiertes Zündverzugsmodell. Abhängig von der Temperaturanforderung werden die AGR-Bypass-Klappenposition, die AGR-Ventilposition, die Steuerzeiten und die Aufteilung der HD- zur ND-AGR-Rate geregelt. Das System ermöglicht die Kompensation der Umgebungstemperaturbeeinflussung auf die Verbrennung und die Emissionsbildung. Einen anderen Weg zur Regelung von Dieselmotoren verfolgt das Institut für Automatisierungstechnik und Mechatronik der Universität Darmstadt.

In [52] wird ein Verfahren zur optimierten Vermessung von Verbrennungsmotoren und Reduktion des Modellierungsaufwands vorgestellt. Die Modelle zur Simulation des Luft- und Kraftstoffpfads basieren auf künstlichen neuronalen Netzen [46, 82]. Ein Wechsel- und Parallelbetrieb der Online-Vermessung und Online-Auswertung ermöglicht eine Reduktion des Messaufwands. Aus der Kombination des dynamischen Luftpfadmodells und eines stationären Verbrennungsmodells erfolgt die Berechnung des Motormoments. In [53] wird die aus [52] dargelegte Methodik zur automatisierten Online-Bestimmung um aktiv lernende Methoden erweitert. Basierend auf dem aktuellen Prozesswissen werden über einen geeigneten Rechenalgorithmus der Messplan und das Modell zielgerichtet adaptiert.

2.3.2 Die Luftpfadregelung bei teilhomogener Verbrennung

Unter der Vielzahl an bereits veröffentlichten Luftpfadregelungssystemen beziehen sich [20, 77, 86] auf die Regelung der teilhomogenen Verbrennung. Diese sind daher für die vorliegende Arbeit von größerer Bedeutung. In [20] wird ein modellbasiertes Mehrgrößenregelungskonzept für einen Dieselmotor mit Niedertemperaturverbrennung vorgestellt. Für den Luftpfad wird ein modellbasiertes prädiktives Regelungssystem eingesetzt. Über die sukzessive Linearisierung eines nichtlinearen Luftpfadmodells wird ein verbessertes Reglerverhalten in transienten Motorbetriebsphasen ermöglicht. Luft- und Kraftstoffpfadregelung werden in kaskadierter Form verknüpft. Das Führungsverhalten des Luftpfads wird durch den inneren Regelkreis beschrieben. Ladedruck und Abgasrückführrate stellen die Regelgrößen dar. Das Führen des indizierten Mitteldrucks, der Schwerpunktlage und des maximalen Druckgradienten erfolgt im äußeren Regelkreis. Die Verknüpfung von Luftpfad- und Verbrennungsregelung ermöglicht die direkte Vorgabe von verbrennungsrelevanten Sollwertgrößen. Als Stellgröße für die Regelung des indizierten Mitteldrucks wird die eingespritzte Kraftstoffmasse ausgewählt. Die Schwerpunktlage wird durch den Einspritzwinkel eingestellt. Abhängig vom definierten Brennraumdruckgradienten wird über das Kaskadenregelungssystem der Sollwert der AGR-Rate dem Luftpfadfunktionsrahmen übergeben. Eine zusätzliche Definition der Soll-AGR-Rate entfällt durch die Regelung.

In [77, 86] wird auf Basis einer umfangreichen Sensitivitätsstudie der teilhomogenen Verbrennung aus [76] ein Funktionsrahmen der Regelung des Luft- und Kraftstoffpfads mit alternativem Brennverfahren hergeleitet. Zur Erhöhung der rückführbaren Abgasmenge wird eine modifizierte hochdruckseitige Abgasrückführung umgesetzt. Die Entnahme des Abgases erfolgt im Auslasskrümmer. Aufgrund der verbesserten Kühleigenschaften wird die Zumischung vor dem Ladeluftkühler positioniert. Die Regelung des Luftpfads beschränkt sich auf das Ventil der modifizierten HD-AGR-Strecke und nutzt den mittels der Lambdasonde im Saugrohr bestimmten Sauerstoffgehalt als Regelgröße. Zur Optimierung des Führungsverhaltens im instationären Motorbetrieb wird zum Reglerausgang ein kennfeldbasierter Vorsteuerwert addiert. Ausgeprägte Sollwertabweichungen der Luftpfadregelung und der maximalen Brennraumdruckgradienten entstehen durch die systembedingte Trägheit des Sauerstoffregelkreises im instationären Motorbetrieb. Abhängig von der Last und Drehzahl wird die Stellung der Turbinenleitschaufelposition durch ein Kennfeld vorgegeben. Die zylinderindividuelle Regelung des indizierten Mitteldrucks erfolgt über die Ansteuerdauer der Haupteinspritzung. Der in [86] eingeführte inverse Regler ermöglicht das Führen der Brennraumdruckgradienten unter Vermeidung eines Brennbeginns in der Kompressionsphase. Die Regelungssysteme der Last, des Raildrucks und der Brennraumdruckgradienten werden durch kennfeldbasierte Vorsteuerungen unterstützt. Über die Verknüpfung der gemessenen Sollwertabweichung des Sauerstoffgehalts im Einlasskrümmer und des Einspritzzeitpunkts wird die Begrenzung der maximalen Druckgradienten während instationärer Betriebsphasen ermöglicht. Zur Darstellung des städtischen Bereichs des Neuen Europäischen Fahrzyklus wird ein Funktionsrahmen zur gesteuerten Betriebsartenumschaltung zwischen dem alternativen und konventionellen Betriebsmodus vorgestellt. Die Betriebsarten des Luft- und des Kraftstoffpfads sind getrennt veränderbar. Zunächst erfolgt die sprunghafte Umschaltung des AGR-Ventils und der VTG-Position auf den Zielwert. Aufgrund des steigenden Sauerstoffgehalts im Einlasskrümmer wird der Einspritzzeitpunkt in die Expansionsphase verschoben. Erreicht der Sauerstoffgehalt im Saugrohr einen definierten Wert, wird das Einspritzmuster von einer Block- auf eine Mehrfacheinspritzung umgeschaltet. Im Anschluss erfolgt die Anpassung des Raildrucks unter Kompensation der Ansteuerdauer.

Die Ergebnisse aus [86] zeigen ein gutes Führungsverhalten der Regelgrößen im städtischen Teil des NEFZ. Aufgrund der Kondensationseffekte im Ladeluftkühler ist jedoch das modifizierte hochdruckseitige Abgasrückführsystem nicht für einen dauerhaften Einsatz geeignet. Darüber hinaus wird in [77, 86] ein ausgeprägter Alterungseffekt der Lambdasonde im Saugrohr durch AGR-Verschmutzung nachgewiesen. Ein Regelkreis auf Basis des Sensorwerts ist daher für eine zukünftige Serienanwendung nicht akzeptabel.

2.4 Die simulationsgestützten Funktionsentwicklungsmethoden

Zur Unterstützung des Funktionsentwicklungsprozesses und der Motorregelung werden echtzeitfähige Modelle in vielfältiger Weise verwendet [54, 62, 65, 67, 97]. In [75] wird ein schnellrechnendes Mean-Value-Model (MVM) eines Dieselmotors mit niederdruckseitiger Abgasrückführung vorgestellt. Um den Rechenaufwand zu reduzieren, werden 11 Zustände und 5 Finite Volumina zur Simulation des Luftpfads definiert. Die Berechnung der Änderungsrate der Systemdrücke erfolgt über die thermische Zustandsgleichung in differentieller Form:

$$\frac{dp}{dt} = \frac{R \cdot T}{V}(\dot{m}_{Ein} - \dot{m}_{Aus}) \tag{2.1}$$

Zur Berechnung der Druckänderungsrate werden das Volumen und die Temperatur als zeitlich konstant angenommen. Das Druckgefälle zweier benachbarter

Systeme und die Drosseleigenschaften der Verbindung bestimmen den ausgetauschten Massenstrom. Der effektive Strömungsquerschnitt A_{eff} errechnet die Größenordnung des Massenstroms nach Gleichung 2.2 [41]:

$$\dot{m} = \frac{4 \cdot p_1}{\sqrt{R \cdot T_1}} \cdot A_{eff} \tag{2.2}$$

Abhängig vom anliegenden Druckgefälle gilt für den effektiven Strömungsquerschnitt A_{eff} Gleichung 2.3 unter der Bedingung 2.4.

$$A_{eff} = \xi \cdot \left(\frac{p_2}{p_1}\right)^{\frac{1}{\kappa}} \cdot \sqrt{\frac{2\kappa}{\kappa - 1} \cdot \left[1 - \left(\frac{p_2}{p_1}\right)^{\frac{\kappa}{\kappa-1}}\right]} \tag{2.3}$$

$$\frac{p_2}{p_1} > \left(\frac{2}{\kappa + 1}\right)^{\frac{1}{\kappa-1}} \tag{2.4}$$

Das Mean-Value-Model des Dieselmotors ermöglicht die Simulation relevanter Luftpfadgrößen in stationären und transienten Betriebsphasen. Die Modellierung der Verbrennung erfolgt entweder durch eine Arbeitsprozessrechnung [8, 79] oder über einen mathematischen Ansatz [70]. Aufgrund des geringen Rechenaufwands ist die Verwendung eines MVM im Rahmen der Funktionsentwicklung möglich und kommt daher bereits in Model-, Software- und Hardware-in-the-Loop Umgebungen (MiL, SiL, HiL) zur Anwendung. Die unterschiedlichen Simulationsstufen unterscheiden sich wesentlich in ihrem Echtzeitverhalten. Nach [9] wird zwischen einer echtzeitfähigen und einer nicht echtzeitfähigen Umsetzung unterschieden. Während die MiL-Simulation nicht zwangsweise in Echtzeit abläuft, ist bei einer HiL-Umgebung harte Echzeitfähigkeit notwendig.

2.4.1 Die Model-in-the-Loop Simulation

Die Model-in-the-Loop Simulation steht beim Reglerentwicklungsprozess an erster Stelle. Ausgehend von einem Motormodell werden auf höchster Abstrahierungsebene das Regelungsschema und die Führungsgrößen definiert. Der Einsatz einer MiL-Umgebung zur Entwicklung einer modellbasierten Regelung des dieselmotorischen Luftpfads mit zwei Abgasrückführstrecken wird in [38] beschrieben. Die Überprüfung des erstellten Reglers erfolgt ausschließlich im Rahmen der Simulationsumgebung mit einem Dymola-Streckenmodell. Der FTP-75-Testzyklus dient zur Validierung des Motormodells anhand von Messdaten. In [38] werden als Führungsgrößen für das Mehrgrößenregelsystem der Frischluftmassenstrom und der Ladedruck gewählt. Das mit Hilfe der

MiL-Simulation entwickelte modellbasierte prädiktive Regelungskonzept erreicht ein gutes Führungsverhalten durch die Berücksichtigung der Kopplungseffekte der Luftmassen- und Ladedruckregelung.

In [45] wird eine MiL-Simulationsumgebung zur Analyse unterschiedlicher Mehrgrößenregelstrukturen für den Luftpfad eines Dieselmotors verwendet. Zur Simulation des Luftpfads und der Verbrennung wird dabei ein MVM verwendet. In [1] wird die Entwicklung einer modellbasierten Regelung der Abgasrückführrate und des Ladedrucks in einer MiL-Umgebung vorgestellt. Hierbei dient ein detailliertes Gesamtmodell des Dieselmotors zur Simulation des Regelstreckenverhaltens. Die entwickelte Regelstruktur beinhaltet adaptierte Prozessmodelle, welche nicht-messbare bzw. nicht-gemessene Zustandsgrößen des Dieselmotors schätzen. Über das echtzeitfähige Motormodell werden die Frischluftmasse im Zylinder, die dynamische Abgastemperatur im Krümmer, der Druck vor Verdichter, der Druck nach Turbine und die Temperatur nach Ladeluftkühler errechnet. Die modellbasierte Ermittlung der Größen dient zur Verbesserung der Ladedruck- und Abgasrückführregelung. Durch die Verwendung der im Rahmen der MiL-Simulationsumgebung optimierten Luftpfadregelstrategie wird eine deutliche Reduktion der Stickoxidemissionen, als auch ein verbessertes Beschleunigungsverhalten erreicht.

2.4.2 Die Software-in-the-Loop Simulation

Eine Software-in-the-Loop Umgebung ermöglicht die Validierung des bereits für die Zielhardware kompilierten Steuergerätcodes. Im fortgeschrittenen Funktionsentwicklungsprozess besteht durch die SiL-Simulation bereits neben der Validierung der Steuergerätalgorithmen die Möglichkeit eine Grundapplikation in der Modellumgebung vorzunehmen.

In [28] wird die Kopplung zwischen einem Applikationstool und dem Funktionsmodell vorgestellt. Als Anwendungsbeispiel der virtuellen Applikation wird die saugrohrdruckbasierte Füllungserfassung eines Ottomotors aufgeführt. Ein selbstoptimierendes neuronales Netzwerk bestimmt während des Motorbetriebs die zur Motorregelung notwendige Frischluftmasse. Die Validierung und funktionelle Erweiterung des Algorithmus erfolgt in der Simulationsumgebung. Auch im Bereich der Bedatung von steuergerätfähigen Abgasnachbehandlungsmodellen wird die virtuelle Applikation bereits eingesetzt [10]. Über die Verwendung hochgenauer datengetriebener Modelle zur Berechnung der Verbrennungsvorgänge und vereinfachter Ansätze zur Simulation des Luftpfads und der Abgasnachbehandlung wird eine Übertragbarkeit des Datenstands auf Fahrzeug- und Motorprüfstandsversuche gewährleistet. In [73] wird eine Vorgehensweise zur Bedatung von verbrennungsrelevanten Steuergerätgrößen in der virtuellen Entwicklungsumgebung veröffentlicht. Über ein semiphysikalisches Modell werden Zündverzug, Verbrennungsschwerpunkt und Spitzendruck berechnet. In Verbindung mit einem Luftpfad- und Abgasnachbehandlungsmodell ist eine virtuelle Brennverfahrensapplikation möglich.

2.4.3 Die Hardware-in-the-Loop Simulation

Bei einem Hardware-in-the-Loop System wird der Funktionscode auf das Steuergerät übertragen und über eine elektrische Schnittstelle mit einem Echtzeitsimulationssystem verbunden. Abbildung 2.7 stellt ein HiL-System schematisch dar. Zur Modellierung des Motors wird in [29, 30] ein MVM verwendet.

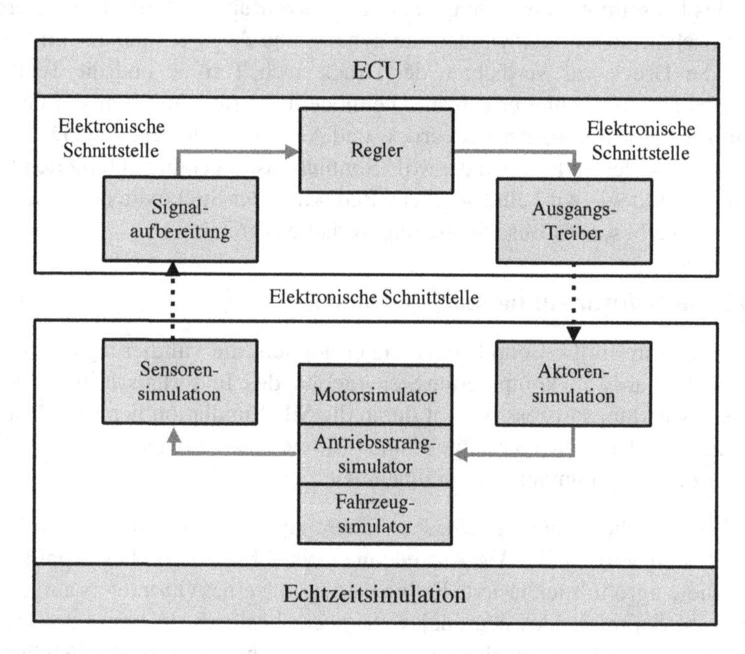

Abbildung 2.7: Schematische Darstellung eines HiL-Systems aus [30]

Der Simulator basiert auf einer PC-Plattform und ermöglicht über eine cPCI-Verbindung eine Erweiterung auf bis zu 16 Module innerhalb des Racks. Die damit verbundene Rechenleistung ermöglicht die Simulation komplexer Systeme. Zur Kopplung des Steuergeräts an den Echtzeitsimulator werden reale Widerstandssensoren und PWM-Ausgänge verwendet.

Ein weiteres Hardware-in-the-Loop System zur Entwicklung der Motorregelung wird in [32] verwendet. Im Simulator wird ein nichtlineares, echtzeitfähiges Motormodell ausgeführt. Eine zusätzliche Vor- und Nachbereitung der Ein- und Ausgangsgrößen ermöglicht die Kopplung eines beliebigen Steuergeräts mit dem Modell. Unter Verwendung der Simulationsumgebung wird gezeigt, dass eine modellbasierte prädiktive Mehrgrößenregelung im Vergleich zu zwei voneinander getrennten Regelkreisen für die Führungsgrößen Luftmasse und Ladedruck ein verbessertes Regelverhalten in stationären und transienten Phasen ermöglicht. In [2] wird ein Fuzzy Mehrgrößenregelungssystem des Ladedrucks und der Luftmasse präsentiert. Die Entwicklung des Algorithmus erfolgt dabei ausschließlich virtuell im Rahmen der SiL- und HiL-Simulation. Über die Kopplung des Forschungssteuergeräts und einem echtzeitfähigen Motormodell wird der Funktionsrahmen erweitert.

Eine Zusammenfassung der Entwicklungsmethodik und der Regelgrößen für den Luftpfad aus der verwendeten Literatur ist in Tabelle 2.1 dargestellt.

Tabelle 2.1: Literaturüberblick Luftpfadregelungssysteme

Quelle	Umgebung	Führungsgrößen
[1]	MiL	m_L / p_2
[2]	SiL	m_L / p_2
[11]	-	m_L / O_2
[17]	MiL	p_2 / p_3
[20]	-	$dp/d\varphi$ / m_L / p_2
[22]	-	NO_x / Ruß
[32]	HiL	m_L / p_2
[38]	MiL	m_L / p_2
[45]	MiL	x_{AGR} / λ
[48]	-	p_2 / p_3 / NO_x
[49]	-	ηi / NO_x / Zündverzug
[50]	-	p_2 / m_{AGR}
[55]	MiL	m_L / p_2
[57]	-	m_{AGR} / m_{Zyl}
[69]	MiL	O_2
[71]	-	m_L / p_2
[83]	-	λ / NO_x
[86]	-	O_2
[87]	-	x_{AGR} / p_2
[92]	-	Ruß / NO_x

Die modellbasierte Entwicklung der Luftpfadregelung unter Anwendung der MiL-, SiL- und HiL- Simulation ist bereits im Einsatz. Wie in [3, 11, 76, 86] nachgewiesen wird, ist zur Luftpfadregelung beider Brennverfahren neben dem Ladedruck der Sauerstoffgehalt im Einlasskrümmer eine entscheidende Führungsgröße. Zur Regelung beider Größen ist die Entwicklung eines Mehrgrößenregelungssystems erforderlich.

3 Entwicklungsumgebung

Die immer weiter steigenden Anforderungen an die Fahrzeughersteller bezüglich der gleichzeitigen Reduzierung von Emissionen und Kraftstoffverbrauch erhöhen den Entwicklungsaufwand signifikant. Eine Möglichkeit zur Reduktion der damit verbundenen Kosten und eingesetzten Ressourcen bietet die Verlagerung der Forschung und Entwicklung auf eine virtuelle Ebene. Die Vorausberechnung von physikalischen Vorgängen ist daher in der Automobilindustrie von zunehmender Bedeutung. Auch im Bereich der Weiterentwicklung von Verbrennungsmotoren werden vermehrt Simulationsmodelle zur Optimierung eingesetzt. Abhängig von den Genauigkeitsanforderungen unterscheidet sich dabei die Art der Modellierung. Wie in Abbildung 3.1 dargestellt, lassen sich drei unterschiedliche Gruppen definieren: 3D-Modelle, 1D/0D-Modelle und Steuergerätmodelle.

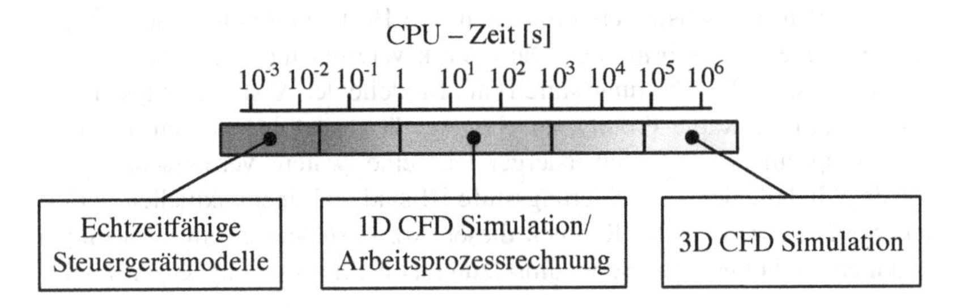

Abbildung 3.1: CPU Rechenzeit unterschiedlicher Modellierungsansätze [16]

Die Gruppe der 3D-CFD Modelle bilden über Navier-Stokes-Gleichungen die dreidimensionalen Effekte der Strömung und der Verbrennung ab. Die numerische Lösung des Gleichungssystems führt zu einem vergleichsweise hohen Zeit- und Rechenaufwand, sodass die 3D-CFD Simulation hauptsächlich für die Modellierung einzelner Motorkomponenten verwendet wird.

Zur Optimierung der Rechenzeit werden 3D- zu 1D/0D-Modellen vereinfacht. Diese Modellgruppe wird unter anderem zur Simulation kompletter Verbrennungsmotoren verwendet. Mehrdimensionale Effekte werden im Strömungspfad vernachlässigt, sodass sich das Gleichungssystem auf eine Dimension beschränkt. Die Modellierung der Verbrennungsvorgänge basiert auf phänomenologischen oder empirischen Ansätzen. Eine Berechnung in Echtzeit ist aufgrund der vorhandenen Komplexität lediglich durch starke Vereinfachungen zu erreichen. Den Grenzfall stellen Mean-Value-Modellansätze für Hardware-in-the-Loop Anwendungen dar. Die weitere Reduktion der Genauigkeit ermöglicht eine Verwendung auf einem Motorsteuergerät in Echtzeit. Diese Modelle werden unter anderem in der Motorregelung als Vorsteuerung oder als virtueller Sensor verwendet und sind somit im Rahmen dieser Arbeit von besonderer Bedeutung. Zur Optimierung der im Projekt eingesetzten Ressourcen wird der Funktionsrahmen zur teilhomogenen Verbrennungsregelung zunächst an einem virtuellen Versuchsträger entwickelt [19, 31, 91].

Auf Basis der vorgestellten Modellgruppen werden drei Abstrahierungsstufen eingeführt, welche für den weiteren Verlauf dieser Arbeit von Relevanz sind. Der virtuelle Motor stellt das Modell der Abstrahierungsstufe I dar. Durch eine Vereinfachung der physikalischen Vorgänge mittels nulldimensionaler und eindimensionaler Ansätze wird die Rechenzeit optimiert. Aufgrund der Genauigkeitsanforderungen und der damit verbundenen Komplexität des Modells wird keine Berechnung in Echtzeit erreicht. Eine Vereinfachung der Modellansätze des virtuellen Versuchsträgers ermöglicht die Herleitung von rechenzeitoptimierten Steuergerätalgorithmen. Diese stark vereinfachten Modelle gehören der Gruppe der Abstrahierungsstufe II an. Modelle der Abstrahierungsstufe II können auf dem Rapid-Prototyping Steuergerät ausgeführt werden. Für eine Umsetzung auf einem Seriensteuergerät ist eine weitere Vereinfachung notwendig. Modelle der Abstrahierungsstufe III sind auf einem aktuellen Seriensteuergerät ausführbar. Im Rahmen dieser Arbeit stehen die Stufen I und II besonders im Fokus. Eine Serienumsetzung ist nicht Forschungsgegenstand.

3.1 Der Versuchsträger

Der V6-Dieselmotor verfügt über einen Turbolader mit variabler Turbinengeometrie, eine hochdruckseitige Abgasrückführstrecke, ein Common-Rail System mit Piezo-Injektoren und ein System zur Einlasskanalabschaltung. In Tabelle 3.1 sind weitere Kenndaten des Versuchsmotors abgebildet. Die Darstellung eines teilhomogenen Brennverfahrens erfordert die Kombination aus hohen Abgasrückführraten und niedrigen Ansaugtemperaturen. Aufgrund der Sensitivität des alternativen Brennverfahrens auf den Ladedruck ist die Verwendung der Ansaugdrosselklappe zur Erhöhung des AGR-Massenstroms über den HD-AGR-Pfad deutlich limitiert. Aus diesem Grund wird das Motorkonzept, wie in Abbildung 3.2 dargestellt, zusätzlich zur serienmäßigen HD-AGR-Strecke um einen niederdruckseitigen Abgasrückführpfad erweitert. Die Verwendung einer Abgasgegendruckklappe und eines ND-AGR-Ventils ermöglicht die Regelung der AGR-Rate.

Tabelle 3.1: Kenndaten Versuchsmotor

Motorkenngrößen	
Hubraum	2987 cm^3
Zylinderabstand	106 mm
Bohrung	83 mm
Hub	92 mm
Pleuellänge	168 mm
Verdichtungsverhältnis	15,5 : 1
Nennleistung	165 kW
Max. Drehmoment	510 Nm

Die, im Vergleich zur HD-AGR, verstärkte Temperaturreduktion des rückgeführten Abgases im Ladeluft- und im AGR-Kühler führt zu einer Reduktion der verbrennungs- und emissionsrelevanten Ansaugtemperatur.

Eine Anordnung des Dieselpartikelfilters vor der Abgasentnahme durch die ND-AGR-Strecke verhindert die Verschmutzung der Ansaugstrecke durch rückgeführte Rußemissionen.

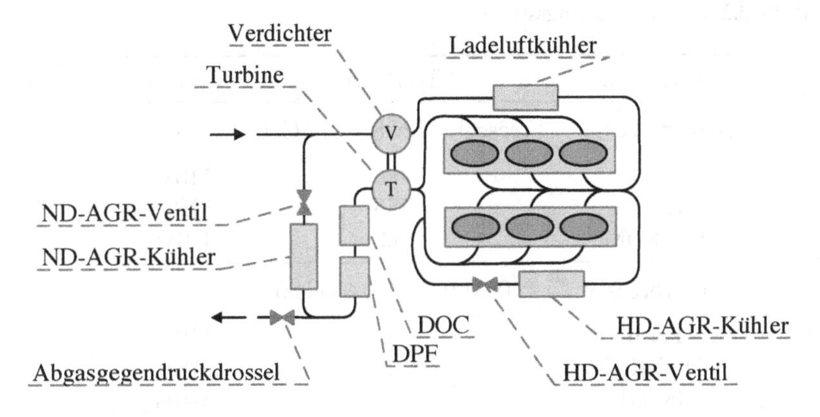

Abbildung 3.2: Schematische Darstellung des Versuchsträgers

Die Steuerung und Regelung des Verbrennungsmotors erfolgt über ein frei programmierbares Forschungssteuergerät. In Tabelle 3.2 sind die Kenndaten des Rapid-Prototyping Steuergeräts aufgelistet. Die Erzeugung des Funktionscodes für das Steuergerät gelingt über die zugehörige Toolkette. Das Funktionsmodell wird in einer Blockdiagrammumgebung aufgebaut. Über entsprechende Compiler wird zunächst der C-Code und im Anschluss der lauffähige Maschinencode für das Forschungssteuergerät erzeugt. Die Kommunikation zwischen dem Steuergerät und der Applikationssoftware findet über eine Ethernet-Verbindung statt. Die Software ermöglicht den Zugriff auf das Steuergerät während des Motorbetriebs.

Zur Abgrenzung der unterschiedlichen Taktfrequenzen bei der Berechnung des Funktionscodes werden zwei unterschiedliche Tasks definiert. Im 1ms-Task erfolgt die Berechnung sämtlicher luftpfadrelevanter Größen sowie die Ausführung des Algorithmus zur Raildruckregelung. Im ZOT-Task sind die Algorithmen der zylinderselektiven Verbrennungsregelung hinterlegt. Für jeden Task wird der Signalfluss in drei Hauptbereiche, Eingangsgrößenbehandlung (E), Funktionsteil (F) und Ansteuergrößenberechnung (A), unterteilt.

In der Eingangsgrößenbehandlung erfolgt die Umrechnung der Sensorwerte zu physikalischen Werten über die Sensor-Kennlinien und die Interpretation des CAN-Signals der Echtzeitindizierung. Im Funktionsteil werden auf Basis der Eingangsgrößen die Ansteuersignale der Aktoren errechnet. Die Informationen zur Aktorikansteuerung sind im Funktionsrahmen der Ansteuergrößenberechnung hinterlegt.

Tabelle 3.2: Daten Forschungssteuergerät [81]

Benennung	Typ/Wert	Einheit
Hauptprozessor	Freescale MPC8544 (1 GHz)	-
Flash	64	MByte
RAM	256	MByte
EEPROM	32	KByte
Co-Prozessor	IBM PPC440 (440 Hz)	-
Flash	32	MByte
DDR2-RAM	32	MByte
SRAM	4	MByte
EEPROM	256	KByte

3.2 Die Thermodynamik des Verbrennungsmotors

Die Entwicklung eines virtuellen Versuchsträgers erfordert ein tiefgründiges Verständnis über die physikalischen Vorgänge des Strömungspfads sowie der Verbrennung. Zur Modellierung des Systems „Verbrennungsmotor" werden vereinfachte ein- und nulldimensionale Ansätze eingesetzt. Die Verwendung des Simulationsmodells als virtueller Versuchsträger benötigt eine Vorhersagefähigkeit der physikalischen Größen und eine Extrapolationsfähigkeit außerhalb des Kalibrierbereichs.

3.2.1 Die Strömungsmechanik

Im Allgemeinen werden Strömungsfelder durch Navier-Stokes-Gleichungen beschrieben. Die Formulierung der Kontinuitätsgleichung, der Impulserhaltungsgleichung sowie der Energieerhaltung ermöglicht die Berechnung der physikalischen Zustände. Die Reduktion der Modellvorstellung auf eine Dimension führt zu einer Vereinfachung des Gleichungssystems. Zur Beschreibung der eindimensionalen Strömung wird das abzubildende System in diskrete Volumina aufgeteilt. Abbildung 3.3 stellt den Ansatz schematisch dar. Die eindimensionale Diskretisierung wird zur Modellierung des Strömungsverhaltens von Verbrennungsmotoren eingesetzt.

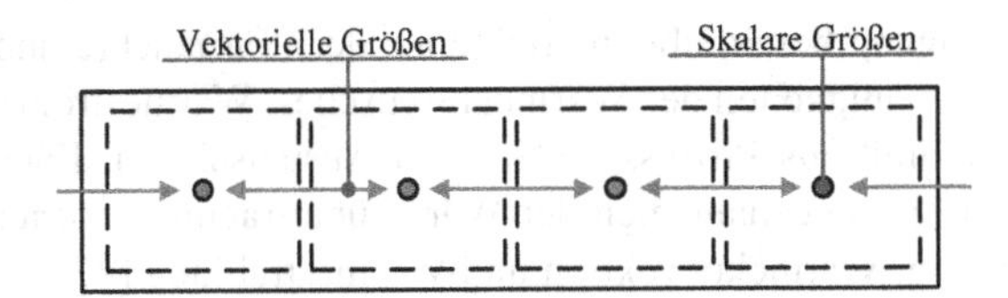

Abbildung 3.3: Schematische Darstellung der Diskretisierung [31]

Dabei wird der gesamte Luftpfad in diskrete Volumina eingeteilt, welche jeweils durch skalare Größen charakterisiert werden. Über die Definition der Vektorgrößen werden die diskreten Volumina miteinander verbunden. Die Berechnung der Änderungsraten der Systemmasse, der inneren Energie und des Impulses erfolgt durch die Gleichungen 3.1 bis 3.3 [31].

Zur numerischen Lösung des Systems existieren zwei Vorgehensweisen: die implizite und die explizite Integration. Die implizite Variante bestimmt für jeden Rechenschritt durch eine iterative Vorgehensweise die physikalischen Zustände für das betrachtete System. Aufgrund des vergleichsweise großen Rechenaufwands wird die implizite Variante hauptsächlich zur Modellierung von

Systemen mit größeren Rechenschritten verwendet und ist daher für diese Arbeit nicht von Relevanz. Abhängig von den Systemrandbedingungen berechnet die explizite Methode rekursiv eine Änderungsrate der physikalischen Zustände für den nächsten Rechenschritt.

$$\frac{dM}{dt} = \sum_{SG} \dot{m} \tag{3.1}$$

$$\frac{dU}{dt} = -p\frac{dV}{dt} + \sum_{SG} \dot{H} + \frac{dQ_W}{dt} \tag{3.2}$$

$$\frac{d\dot{m}}{dt} = \frac{dpA + \sum_{SG} \dot{m}v - 4\xi_f \frac{\rho v|v|}{2} \frac{dxA}{D} - \xi_p \left(\frac{1}{2}\rho v|v|A\right)}{dx} \tag{3.3}$$

Um eine numerische Stabilität zu gewährleisten, gilt für das Rechenintervall die Courant-Bedingung. Der Zeitschritt Δt darf nicht den Quotienten aus der Diskretisierungslänge Δx und der Geschwindigkeit $|v| + c$ überschreiten [31].

$$\Delta t \leqq 0.8 \cdot \frac{\Delta x}{|v| + c} \tag{3.4}$$

3.2.2 Die Wärmeübertragung

Die Wärmeübertragung beschreibt ein Teilgebiet der Wärmelehre und charakterisiert die Gesetzmäßigkeiten des Wärmeaustausches. Wärmeströme werden in der Thermodynamik als Prozessgrößen zum Austausch von Energien bezeichnet. Die Transportmechanismen der Wärmeübertragung unterteilen sich in die Wärmeleitung, Wärmekonvektion und Wärmestrahlung [27].

Wärmeleitung

Die Wärmeleitung beschreibt den Energietransport durch ein Temperaturgefälle innerhalb eines Materials. Das Gesetz nach Fourir bildet die Vorgänge der stationären Wärmeleitung ab und setzt diese in Verbindung mit den Stoffeigenschaften und dem Temperaturgradienten [5, 27]:

$$\dot{q} = -\lambda \left(\frac{dT}{dx} + \frac{dT}{dy} + \frac{dT}{dz}\right) \tag{3.5}$$

Zur Modellierung beliebig komplexer Temperaturfelder für instationäre Vorgänge gilt folgende Differenzialgleichung:

$$\frac{\delta T}{\delta t} = \frac{\lambda}{\rho c_p} \nabla^2 T \tag{3.6}$$

Wärmekonvektion
Konvektion beschreibt den Energietransport aufgrund eines direkten Kontakts zwischen unterschiedlichen Medien und unterteilt sich in eine freie und in eine erzwungene Konvektion. Die erzwungene Konvektion wird durch eine von Druckdifferenzen hervorgerufene Strömung erzeugt. Entsteht der Wärmeübergang durch eine Strömung aufgrund von temperaturbedingten Dichteänderungen, wird der Wärmeübergang als freie Konvektion bezeichnet. In beiden Fällen beschreibt das Newtonsche Wärmeübertragungsgesetz aus Gleichung 3.7 die physikalischen Vorgänge [5].

$$\dot{q} = \alpha(T_{Fluid} - T_{Wand}) \tag{3.7}$$

Die Größenordnung der Wärmekonvektion wird mit Hilfe der Wärmeübergangszahl α bestimmt. Die Wärmeübergangszahl errechnet sich über dimensionslose Kennzahlen, welche die Strömungseigenschaften charakterisieren [4].

Wärmestrahlung
Die Wärmestrahlung beschreibt den Wärmeaustausch durch elektromagnetische Wellen. Dabei steht die Fähigkeit Wärmestrahlung zu absorbieren bzw. abzusenden in Verbindung mit den Eigenschaften des Strahlers. Das Emissionsverhältnis ε entspricht nach dem Kirchhoffschen Gesetz dem Absorptionsverhältnis ϕ. Ein Körper mit der Temperatur T_1 strahlt, abhängig von seinem Emissionsverhalten ε, die Wärme $\dot{Q}$ an die Umgebung der Temperatur T_2 ab. C_s beschreibt die Strahlungskonstante des schwarzen Körpers [5].

$$\dot{q} = \varepsilon C_s \left(T_1^4 - T_2^4\right) \tag{3.8}$$

Die Beschreibung der Wärmeübertragungsmechanismen ist zur Modellierung von Verbrennungsmotoren von signifikanter Bedeutung. Wärmeleitung und erzwungene Konvektion treten dabei am häufigsten in Erscheinung. Die vorgestellten Gleichungen werden speziell zur Simulation der physikalischen Zusammenhänge im Brennraum während der Verbrennung und bei der Modellierung von Wärmekonvektion im Strömungspfad benötigt.

3.2.3 Die Brennraummodellierung

Thermodynamisch lässt sich der Brennraum nulldimensional vereinfachen. Abhängig vom definierten System unterscheiden sich die Modellansätze in ihrer Anzahl an unterschiedlichen Zonen. Bei einem Einzonenmodell wird davon ausgegangen, dass sich Druck, Temperatur und Zusammensetzung der Gase im Zylinder, unabhängig von Ort und Zeit, verändern. Ein Zweizonenmodell unterteilt dagegen den Brennraum in eine unverbrannte und in eine verbrannte Zone und berücksichtigt somit den Temperaturgradienten während der Verbrennung. Die Aufstellung der Energiebilanz für das System „Zylinderkopf-Laufbuchse-Kolbenboden" ermöglicht die Berechnung der Vorgänge während der Verbrennung. Eine Bilanzierung der Energien erfolgt für das System über den 1. Hauptsatz der Thermodynamik [41].

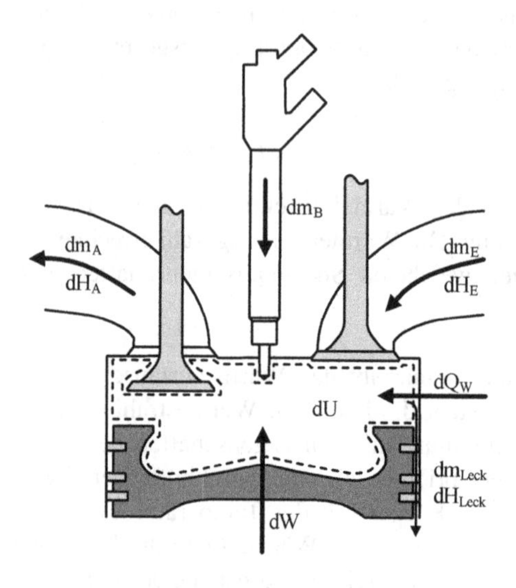

Abbildung 3.4: Brennraummodellierung

Die kurbelwinkelbasierte Änderungsrate der inneren Energie U setzt sich nach Gleichung 3.9 aus der Ableitung des Summenbrennverlaufs Q_b, der Wandwärmeverluste Q_W, der Enthalpien H_e und H_a, der Arbeit W und der Leckageverluste H_{Leck} zusammen [41]:

$$\frac{dU}{d\varphi} = \frac{dQ_b}{d\varphi} + \frac{dQ_W}{d\varphi} + \frac{dH_a}{d\varphi} + \frac{dH_e}{d\varphi} + \frac{dW}{d\varphi} + \frac{dH_{Leck}}{d\varphi} \tag{3.9}$$

Zur Berechnung des zeitlichen Verlaufs der Zylindermasse wird der Massenerhaltungssatz für das System formuliert [41]:

$$\frac{dm_{Zyl}}{d\varphi} = \frac{dm_a}{d\varphi} + \frac{dm_e}{d\varphi} + \frac{dm_{bb}}{d\varphi} + \frac{dm_{Krst}}{d\varphi} \tag{3.10}$$

Das Arbeitsgas im Brennraum wird als homogenes Gemisch aus idealen Gasen von Luft und verbranntem Gas betrachtet. Es gilt die thermische Zustandsgleichung in differentieller Form [41]:

$$p_{Zyl}\frac{dV}{d\varphi}+V\frac{dp_{Zyl}}{d\varphi}=m_{Zyl}R\frac{dT_{Zyl}}{d\varphi}+m_{Zyl}T_{Zyl}\frac{dR}{d\varphi}+RT_{Zyl}\frac{dm_{Zyl}}{d\varphi} \tag{3.11}$$

Zur Beschreibung der Stoffeigenschaften des homogenen Gemischs werden die kalorischen Größen als Funktion der Temperatur T, des Drucks p und der Gemischzusammensetzung λ bestimmt. Zur Berechnung der Kalorik existieren unterschiedliche Methoden [47, 100]. Komponentenansätze bilden die kalorischen Eigenschaften von Rauchgas und Kraftstoffdampf ab [35]:

$$u=f(\lambda,p,T) \tag{3.12}$$

$$R=f(\lambda,p,T) \tag{3.13}$$

Die Berechnung der Wandwärmeverluste während der Verbrennung und des Ladungswechsels erfolgt mit dem Newtonschen Wärmeübertragungsgesetz:

$$\frac{dQ_W}{d\varphi}=\alpha A\left(T_{Zyl}-T_{Wand}\right)\frac{dt}{d\varphi} \tag{3.14}$$

Zur Bestimmung des Wärmeübertragungskoeffizienten α existieren eine Vielzahl an Berechnungsansätzen. Eine ausführliche Beschreibung der unterschiedlichen Gleichungen zur Berechnung des Wärmeübergangskoeffizienten ist aus den einzelnen Arbeiten zu entnehmen [7, 39, 42, 44, 99]. Da der Berechnungsansatz nach Woschni im Rahmen dieser Arbeit verwendet wird, folgt dessen detailliertere Darstellung.

Die von Woschni 1965 entwickelte Gleichung zur Bestimmung des Wärmeübergangskoeffizienten gilt ursprünglich für Dieselmotoren [99]. Anhand weiterführender Untersuchungen wird der Ansatz auch für Ottomotoren verifiziert. Der Wärmeübergangskoeffizient nach Woschni ergibt sich unter Berücksichtigung von Geometrie, Temperatur und Druck des Brennraums wie folgt:

$$\alpha=130\cdot d^{-0{,}2}\cdot p^{0{,}8}\cdot T^{-0{,}53}\cdot w_{Woschni}^{0{,}8} \tag{3.15}$$

Zur Beschreibung der charakteristischen Länge wird der Bohrungsdurchmesser d gewählt. Der Geschwindigkeitsterm w_{Woschni} ist ein Maß für die Turbulenz im Brennraum und besteht aus einem zur Kolbengeschwindigkeit c_{m} proportionalen Term und einem zeitlich veränderlichen Verbrennungsglied. Zur klaren Trennung zwischen Ladungsbewegung und Verbrennung wird im Verbrennungsterm die Differenz zum geschleppten Betrieb berücksichtigt:

$$w_{Woschni}=C_1\cdot c_m+C_2\cdot\frac{V_h\cdot T_1}{p_1\cdot V_1}\cdot(p_1-p_0) \tag{3.16}$$

Die Größen p_1,T_1 und V_1 beschreiben die Brennraumbedingungen zu Verdichtungsbeginn. Abhängig von der Motorkonfiguration gilt für die Koeffizienten C_1 und C_2:

$$C_1 = 2,28 + 0,308 \cdot c_u/c_m \quad \text{für den Hochdruckteil}$$

$$C_1 = 6,18 + 0,417 \cdot c_u/c_m \quad \text{für den Ladungswechsel}$$

$$C_2 = 0,00622 \quad \text{für Diesel-Kammermotoren}$$

$$C_2 = 0,00324 \quad \text{für DI-Dieselmotoren und Ottomotoren}$$

$$C_2 = 2,3 \cdot 10^{-5} \cdot (T_W - 600) + 0,005 \quad \text{bei Wandtemperaturen von } T_W \geqq 600\text{K}$$

Die Größenordnung des Einlassdralls wird über den Faktor c_u/c_m aus stationären Strömungsversuchen ermittelt, wobei $0 \leqq c_u/c_m \leqq 3$ gilt. Für den Ansatz nach Woschni existieren eine Vielzahl an Modifikationen. In [39] ist eine Übersicht der unterschiedlichen Versionen aufgeführt.

3.2.4 Die Verbrennungsmodellierung

Zur Untersuchung der innermotorischen Vorgänge wird die Druckverlaufsanalyse eingesetzt. Unter Anwendung der Gleichungen 3.9 bis 3.14 wird, ausgehend von einem gemessenen Zylinderdruckverlauf, der Brennverlauf errechnet. Der Brennverlauf beschreibt die zeitliche Umwandlung von chemisch gebundener Energie im Kraftstoff zu Wärmeenergie. Brennverfahrensabhängig unterscheidet sich die Form der Brennverläufe signifikant.

Zur Vorausberechnung der physikalischen Vorgänge im Brennraum durch die Simulation wird der Brennverlauf über empirische oder phänomenologische Ansätze abgebildet. Auf Basis des modellierten Brennverlaufs wird bei der Simulation, im Vergleich zur Druckverlaufsanalyse, der Druck- und Temperaturverlauf während der Verbrennung und des Ladungswechsels errechnet. Empirische und phänomenologische Ansätze zur Beschreibung des Brennverlaufs unterscheiden sich in ihrer Komplexität und Vorhersagefähigkeit.

Während empirische Ansätze nach Vibe [96] oder Barba [6] über mathematische Funktionen die Form abbilden, errechnen phänomenologische Modelle den Brennverlauf auf Basis physikalischer Zusammenhänge [36, 78, 79]. Die empirischen Modelle sind aufgrund der fehlenden Vorhersagefähigkeit in ihrer Einsatzmöglichkeit begrenzt und finden daher in dieser Arbeit keine Verwendung. Phänomenologische Modelle reagieren auch außerhalb des kalibrierten Kennfeldbereichs auf Veränderungen der physikalischen Randbedingungen. Die Extrapolationsfähigkeit ist eine zwingende Bedingung für den späteren simulationsgestützten Funktionsentwicklungsprozess.

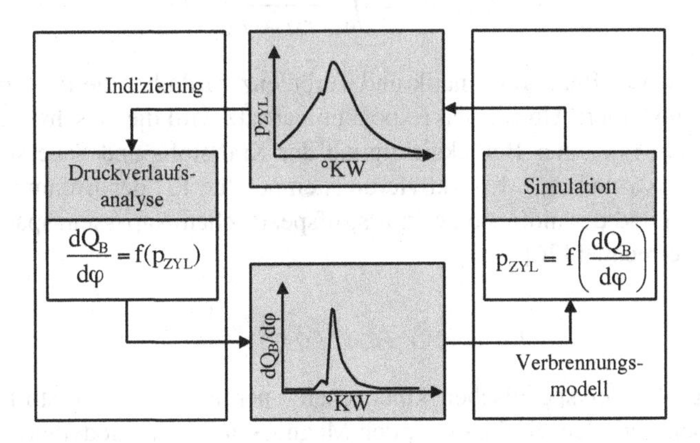

Abbildung 3.5: Druckverlaufsanalyse und Simulation

Der direkte Zusammenhang von Einspritzung und Verbrennung beim dieselmotorischen Brennverfahren erfordert zur Berechnung der Wärmefreisetzung die Modellierung des Einspritzverlaufs. Grundsätzlich besteht die Möglichkeit das Kraftstoffsystem im Modell mit abzubilden. Speziell im Fall der Simulation instationärer Vorgänge resultiert aus der Komplexität des Modells eine signifikante Erhöhung des Rechenaufwands. Daher wird an dieser Stelle ein einfacherer Modellierungsansatz verwendet [6].

Ein Polygonansatz bildet, unter Berücksichtigung des Einspritzmusters, der Einspitzdauer und des Raildrucks, näherungsweise die Form des Einspritzverlaufs durch empirische Faktoren ab. Ein phänomenologisches Dieselverbrennungsmodell errechnet auf Basis des Einspritzprofils den Brennverlauf. Zur Simulation der konventionellen und der homogenisierten Dieselverbrennung existieren unterschiedliche Modellierungsansätze. Die Simulation der konventionellen Dieselverbrennung erfordert die Modellierung der unterschiedlichen physikalischen Mechanismen der Vor-, Haupt- und Nacheinspritzungen.

Die Abbildung des Zündverzugs ist neben der Form des Brennverlaufs von entscheidender Bedeutung. Der Zündverzug bestimmt den Premixed-Anteil der Haupteinspritzmenge und beeinflusst dadurch maßgeblich den Verbrennungsablauf. Die Berechnung des Zündverzugs erfolgt über einen Arrhenius-Ansatz.

Die Definition eines Zündintegrals unter Berücksichtigung der Zündgrenze ermöglicht die Simulation des Zündverzugs [26]:

$$ZV - Integral = \int_0^{\varphi} \frac{r_{Mag} + r_{Arr}}{r_{Mag} \cdot r_{Arr}} d\varphi \tag{3.17}$$

Der Einfluss von Reaktionskinetik und Turbulenz wird über die Faktoren r_{Arr} und r_{Mag} modelliert. Über einen Exponentialansatz wird die Geschwindigkeit der Reaktion r_{Arr} unter Berücksichtigung der Kraftstoff- und Sauerstoffkonzentration c_{Krst} und c_{O_2}, der Aktivierungstemperatur T_A, der Brennraumtemperatur T_{Zyl} und der motor- bzw. kraftstoffspezifischen Anpassungsparameter c und c_{Arr} errechnet [26]:

$$r_{Arr} = c_{Arr} \cdot c_{Krst} \cdot c_{O_2} \cdot e^{-\frac{c \cdot T_A}{T_{Zyl}}} \tag{3.18}$$

Abhängig von der spezifischen kinetischen Energie k des Kraftstoffstrahls, wird dessen Turbulenzeinfluss über den Magnussen-Ansatz modelliert:

$$r_{Mag} = c_{Mag} \cdot c_{O_2} \cdot \frac{\sqrt{k}}{\sqrt[3]{V_{Zyl}}} \tag{3.19}$$

Der vorgestellte Arrhenius-Ansatz wird in dieser Arbeit zur Simulation des Zündverzugs der konventionellen dieselmotorischen Verbrennung verwendet. Bei der Modellierung der Voreinspritzungen wird vereinfachend davon ausgegangen, dass sich diese nicht untereinander beeinflussen. Voreinspritzungen werden zur Verkürzung des Zündverzugs eingesetzt und sind generell durch geringe Kraftstoffmassen gekennzeichnet, sodass von einer 100 % Premixed-Verbrennung ausgegangen wird. Abhängig vom lokalen Luftverhältnis, kommt es dabei zu einer reaktionskinetisch kontrollierten Verbrennung. Der eingespritzte Kraftstoff wird in diskreten Zeitschritten einer definierten Gemischwolke aus Frischluft und Restgas zugeführt.

Der Einspritzverlauf und die Zumischrate, bestimmen den Brennverlauf der Voreinspritzungen. Wie in Abbildung 3.6 dargestellt, ist bei den Haupt- und Nacheinspritzungen, im Gegensatz zur Voreinspritzung, eine Ortsauflösung des Einspritzstrahls zu beachten.

In festen Kurbelwinkelabständen werden Kraftstoffscheiben erzeugt, deren Anfangsgeschwindgkeit durch einen Kontinuitätsansatz ermittelt wird. Für den weiteren Geschwindigkeitsverlauf wird eine Proportionalität zum Kehrwert des zurückgelegten Wegs angenommen. Kraftstoff, der während der Zündverzugsphase eingespritzt wird, verbrennt zum größten Teil äußerst zügig in einer

Premixed-Verbrennung. Für den weiteren Verlauf wird in axialer und radialer Richtung eine Lambda-Verteilung vorgegeben [26]. Es wird zwischen drei Bereichen unterschieden:

I. Fetter Lambda-Bereich $\lambda \leqq 0,3$

II. Normaler Lambda-Bereich $0,3 < \lambda < 1,1$

III. Magerer Lambda-Bereich $\lambda \geqq 1,1$

Abhängig von der axialen Position der einzelnen Scheiben, befindet sich unterschiedlich viel Kraftstoff in den drei Zonen. In der fetten Zone kommt es aufgrund des Luftmangels zu keiner Verbrennung. Im weiteren Verlauf vermischt sich zunächst der Kraftstoff am Strahlrand mit der Luft, wodurch dieser vergleichsweise schnell in der Zone II umgesetzt wird. Gelangt Kraftstoff unverbrannt in Zone III, läuft die Verbrennung durch den Luftüberschuss deutlich langsamer ab. Abhängig von der Umsatzrate in Zone II und III, wird die Brennverlaufsform motorspezifisch angepasst.

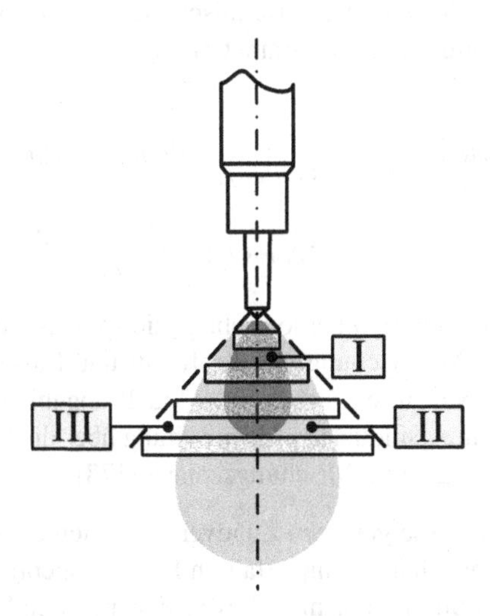

Abbildung 3.6: Phänomenologische Modellierung der konventionellen Dieselverbrennung [26]

Der Scheibenansatz zeichnet sich durch eine, im Vergleich zu Paketansätzen, reduzierte Rechengeschwindigkeit und deutlich gesteigerten Vorhersagefähigkeit aus. Der vorgestellte Ansatz wird zur Modellierung des konventionellen dieselmotorischen Brennverfahrens eingesetzt [26]. Der ausgeprägte Premixed-Anteil des homogenisierten Dieselbrennverfahrens erfordert eine Weiterentwicklung des Modellansatzes. Im Rahmen dieser Arbeit wird daher das vorhersagefähige, phänomenologische Verbrennungsmodell aus [78] zur Abbildung der homogenisierten Dieselverbrennung eingesetzt. Das Verbrennungsmodell unterteilt dabei den Brennraum in eine Frischladungs- und in eine Mischungszone. Unabhängig von der Art der Gemischbildung befindet sich zu Rechenbeginn die vollständige Zylinderfüllung in der Frischladungszone.

Im Gegensatz zur externen Gemischbildung liegt bei der Direkteinspritzung ein vergleichsweise inhomogenes Gemisch vor. Die Verbrennung wird dabei wesentlich durch den Homogenisierungsgrad beeinflusst. Über die Definition der zweiten Zone, der Mischungszone, wird dieser Effekt abgebildet. Der eingespritzte Kraftstoff wird der Mischungszone nach seiner Verdampfung direkt zugeführt.

Die Berücksichtigung der Interaktion beider Zonen erfolgt über ein Gemischbildungsmodell. Unter Verwendung eines vereinfachten Turbulenz- und Dichtedifferenzansatzes errechnet sich die Beimischung von Frischladung in die Mischungszone, abhängig von den Parametern $c_{\mathrm{Beimisch},1}$ und $c_{\mathrm{Beimisch},2}$ wie folgt zu:

$$\begin{aligned}\frac{dm_{Beimisch,M-Zone}}{dt} =& c_{Beimisch,1} \cdot \frac{dm_{Beimisch,turb}}{dt} \\ &+ c_{Beimisch,2} \cdot \frac{dm_{Beimisch,\Delta\rho}}{dt}\end{aligned} \tag{3.20}$$

Der erste Term in Gleichung 3.20 berücksichtigt die spezifische Turbulenz im Brennraum. Die für die Vermischung von Kraftstoff und Luft relevanten Turbulenzwirbel werden über ein einfaches k-ε-Modell abgebildet. Der hintere Term bildet die verbrennungsinduzierte Vermischung über die Dichtedifferenz zwischen der Frischladungs- und Mischungszone ab [78].

Aufgrund der vergleichsweise geringen Zündverzugszeiten existiert beim konventionellen dieselmotorischen Brennverfahren keine ausgeprägte Niedertemperaturverbrennung. Im Simulationsmodell wird daher dessen Entstehungsmechanismus vernachlässigt.

Für homogene und teilhomogene Brennverfahren ist die Niedertemperaturverbrennung ein charakteristisches Merkmal und muss daher im Modellansatz berücksichtigt werden. Zur Abbildung wird der Reaktionsmechanismus nach Zheng [102] verwendet. Die wichtigsten Reaktionen sind aus der Tabelle 3.3 zu entnehmen.

Tabelle 3.3: Auswahl an Gleichungen des Zheng Mechanismus [78]

Nr.	Chemische Reaktionsgleichung
1.	$F + 7{,}5O_2 \longrightarrow 8H_2O + 7CO$
2.	$CO + 0{,}5\,O_2 \longleftrightarrow CO_2$
3.	$F + 2O_2 \longleftrightarrow I_1$
4.	$I_1 \longrightarrow 2Y$
5.	$Y + 0{,}5F + 6{,}5O_2 \longrightarrow 8H_2O + 7CO$
6.	$I_1 \longrightarrow I_2$
7.	$I_2 \longrightarrow 2Y$

Die Original-Parametrierung des Zheng-Mechanismus ist in Tabelle 3.4 aufgelistet. Die Reaktionsgeschwindigkeit v_R beschreibt die Änderungsrate der Stoffmengenkonzentration anteiliger Spezies. Der zur Bestimmung von v_R notwendige Geschwindigkeitskoeffizient k errechnet sich über den folgenden Ansatz nach Arrhenius:

$$k_j = A_j \cdot e^{\frac{-E_{Akt,j}}{R \cdot T_j}} \tag{3.21}$$

Tabelle 3.4: Parametrierung Zheng Mechanismus [102]

Nr.	$v_R[mol/(m^3 \cdot s)]$	A [#]	E [J/mol]
1	$k \cdot [F]^{0,25} \cdot [O_2]^{1,5}$	7,2E+07	166216
2 $\longrightarrow$	$k \cdot [CO] \cdot [H_2O]^{0,5} \cdot [O_2]^{0,25}$	3,2E+09	167472
2 $\longleftarrow$	$k \cdot [CO_2]$	1,2E+07	167472
3 $\longrightarrow$	$k \cdot [F] \cdot [O_2] \cdot [M] \cdot (p/10bar)^{-2,2} \cdot C_{3+}$	1,5E+08	157507
3 $\longleftarrow$	$k \cdot [I_1] \cdot (p/10bar)^{-3,5}$	4,4E+31	368899
4	$k \cdot [I_1]$	2,4E+06	16580
5	$k \cdot [F] \cdot [Y]$	1,0E+12	136783
6	$k \cdot [I_1]$	2,8E+10	58029
7	$k \cdot [I_2] \cdot [M]$	1,5E+13	223826

Die Enthalpieänderungsraten der Reaktionen 1 und 2 werden unter anderem zur Bestimmung des Zündintegrals verwendet [78]:

$$R_{ZV} = \frac{-\int_{t_0}^{t} \left(\frac{dH_1}{dt} + \frac{dH_2}{dt} \right) dt}{m_{M-Zone}} \tag{3.22}$$

Sobald das Integral den Wert der Zündgrenze annimmt, beginnt die Hochtemperaturverbrennung. Die Reaktionsgleichungen 1 und 2 dienen darüber hinaus zur Darstellung der Hochtemperaturverbrennung und Gleichungen 3 bis 7 zur Modellierung der Niedertemperaturverbrennung. Im Zheng-Mechanismus werden fünf reale (O_2, N_2, CO, CO_2 und H_2O), drei virtuelle (I_1, I_2 und Y) und als Sonderform die Kraftstoffspezies (F^{86}) bilanziert. Zur Normierung der Reaktionsenthalpien auf den unteren Heizwert wird der Ausgleichsfaktor f definiert. Auf Basis der Standardreaktionsenthalpien und unter Berücksichtigung der Umsetzungsraten ergibt sich die Enthalpieänderung für jede Reaktion. Durch Aufsummieren errechnet sich der Brennverlauf der Niedertemperaturverbrennung wie folgt [78]:

$$\frac{dQ_{B,Zheng}}{dt} = f_{\Delta H_R^0} \cdot \sum_{j=1}^{7} \frac{dH_j}{dt} \tag{3.23}$$

Beim teilhomogenen Brennverfahren wird die Wahrscheinlichkeit einer Zündung aufgrund lokaler Temperaturspitzen durch die Gemischhomogenität bestimmt. Abhängig vom Massenanteil der Mischungszone wird folglich eine variable Zündgrenze definiert. Die Modellierung der Hochtemperaturverbrennung erfordert die Aufteilung des Kraftstoffs in unterschiedliche Massebilanzräume. Bei Direkteinspritzung teilt sich die Kraftstoffmasse, abhängig vom Verdampfungszeitpunkt, in einen homogenen, teilhomogenen und diffusiven Pool auf. Der homogene Anteil befindet sich bereits eine gewisse Zeitspanne lang gasförmig im Brennraum und ist daher mit der Ladung der Mischungszone ausreichend homogenisiert. Unter Berücksichtigung der Beeinflussung durch Zeit-, Temperatur- und Restgas ergibt sich für die steigende Flanke des Massenumsatzes folgender Zusammenhang [78]:

$$r_{HTC,hom,st} = m_{homPool} \cdot \left[c_{HTC,hom,a} \cdot (t - t_{BB})^2 \cdot f_{AGR} + c_{HTC,hom,b} \cdot \frac{e^{\frac{-E_{Akt,HTC}}{R \cdot T_{Zyl}}}}{e^{\frac{-E_{Akt,HTC}}{R \cdot T_{BB}}}} \right] \tag{3.24}$$

Bei Brennbeginn kommt es zur Zündung an den heißesten Orten im Brennraum. Der erste Term berücksichtigt die steigende Wahrscheinlichkeit, sodass nach dem Brennbeginn t_{BB} mehr Stellen ein vergleichbares Temperaturniveau erreichen. Der Einfluss von Restgas auf die Hochtemperaturverbrennung wird über eine definierte Funktion f_{AGR} modelliert. Zur Berücksichtigung des Temperatureinflusses der Verbrennung wird ein normierter Arrhenius-Term verwendet. Die dämpfenden Effekte auf den Massenumsatz werden in der fallenden Flanke zusammengefasst [78]:

$$r_{HTC,hom,fal} = c_{HTC,hom,c} \cdot m_{homPool} \cdot k \cdot f_{AGR} \cdot \lambda_{UV,M-Zone}^{0,25} \qquad (3.25)$$

Es wird davon ausgegangen, dass die spezifische Turbulenz im Brennraum die Massenumsatzrate beeinflusst. Zur Berechnung der fallenden Flanke wird daher die nach Einspritzende abfallende Turbulenz berücksichtigt. Existiert Luftmangel in der Mischungszone, wird die Umsetzungsrate zusätzlich reduziert. Für Betriebspunkte $\lambda \geqq 1$ nimmt der λ-Term einen Wert von 1 an. Die Parameter $c_{\mathrm{HTC,hom,a}}$, $c_{\mathrm{HTC,hom,b}}$ und $c_{\mathrm{HTC,hom,c}}$ der Gleichungen 3.24 und 3.25 ermöglichen eine motorspezifische Anpassung der Terme. Kraftstoff, welcher bei Brennbeginn der Hochtemperaturverbrennung bereits eingespritzt wird, jedoch erst nach einer vorgegebenen Zeit verdampft, wird dem teilhomogenen Pool zugeführt. In [78] wird ausführlich dargestellt, dass die Umsatzrate des teilhomogenen Pools nicht durch eine Reaktionskinetik oder durch eine laminare Flammengeschwindigkeit modellierbar ist. Stattdessen wird in [78] folgender Ansatz zur Modellierung der Umsatzrate vorgestellt:

$$r_{HTC,teilhom} = c_{HTC,teilhom} \cdot \frac{m_{teilhomPool}}{V_{M-Zone}} \cdot f_{teilhom} \qquad (3.26)$$

Der Parameter f_{teilhom} ist eine Zeitfunktion in exponentieller Form, abhängig von der Hochtemperaturbrenndauer. Über den Abstimmparameter $c_{\mathrm{HTC,teilhom}}$ wird das motorspezifische Verhalten abgebildet. Die Modellierung der Umsetzrate des diffusiven Pools erfolgt analog zur bereits vorgestellten Simulation des konventionellen Brennverfahrens.

3.3 Das Simulationsmodell

Die Umsetzung des virtuellen Versuchsträgers erfolgt durch eine kommerziell erhältliche 1D-Strömungssimulationssoftware [31]. Beide Dieselbrennverfahren werden durch phänomenologische Brennverlaufsmodelle eines zusätzlichen Zylinderobjekts abgebildet [26]. Eine Simulation der homogenisierten und konventionellen Dieselverbrennung sowie der Betriebsartenumschaltung ist durch das Objekt möglich. Die in Kapitel 3.2.4 vorgestellten Ansätze dienen als Grundlage zur Modellierung des Brennraums. Da im Rahmen dieser Arbeit lediglich die untere und mittlere Teillast Forschungsgegenstand ist, beschränkt sich der Variationsraum des indizierten Mitteldrucks und der Drehzahl auf einen reduzierten Kennfeldbereich. Zur getrennten Betrachtung der Modellungenauigkeiten des Strömungs- und Verbrennungsmodells wird zur Validierung des Luftpfadmodells der zylinderindividuelle Druckverlauf der Messung vorgegeben. Die Ergebnisse der Validierung des Strömungsmodells sind in Abbildung 3.7 dargestellt. Die Luftmasse, der Ladedruck, der Abgasgegendruck, die Gastemperatur im Krümmer und die Turboladerdrehzahl werden durch das Motormodell mit einer hohen Güte abgebildet. Die dargestellten Größen stehen repräsentativ für die Genauigkeit des Strömungsmodells.

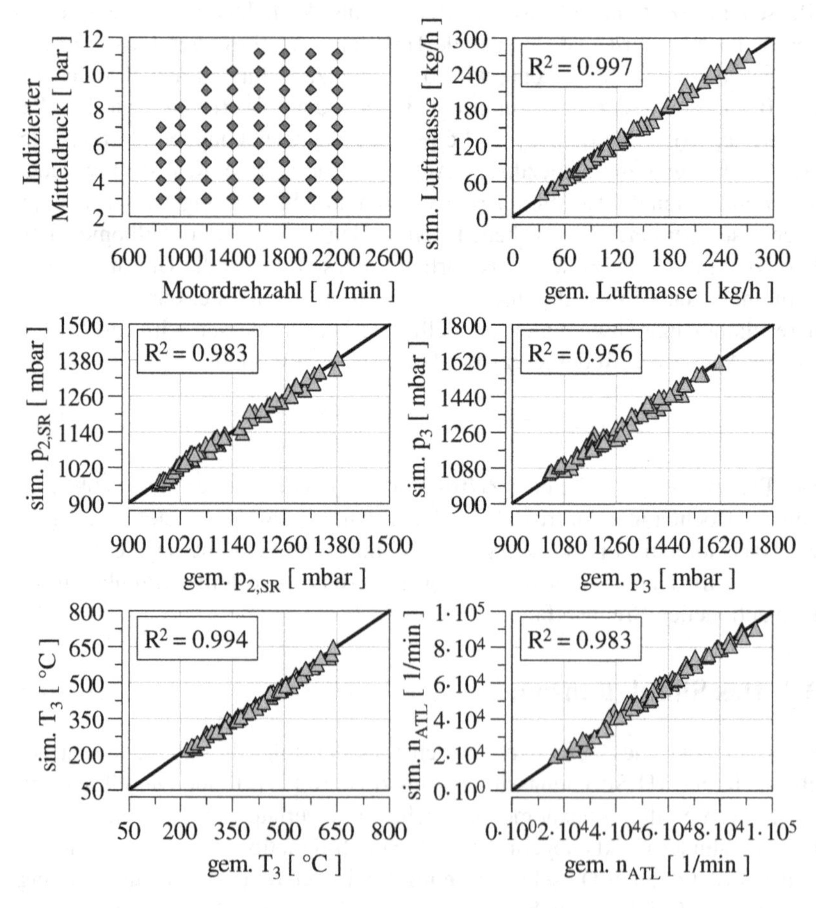

Abbildung 3.7: Validierung des Strömungsmodells

Die Simulation des Turboladerverhaltens erfolgt durch die vorliegenden Turbinenkennfelder unterschiedlicher Schaufelstellungen. Über die Leistungsbilanz der Turboladerwelle erfolgt die Berechnung des Verdichter- und Turbinenbetriebspunkts. Das Verdichterverhalten wird durch ein Verdichterkennfeld abgebildet. Zur Simulation der Abgasnachbehandlungskomponenten werden vereinfachte Reaktionsmechanismen berücksichtigt. Das Modell dient zur Validierung des Arbeitsprozessmodells für die innermotorischen Vorgänge.

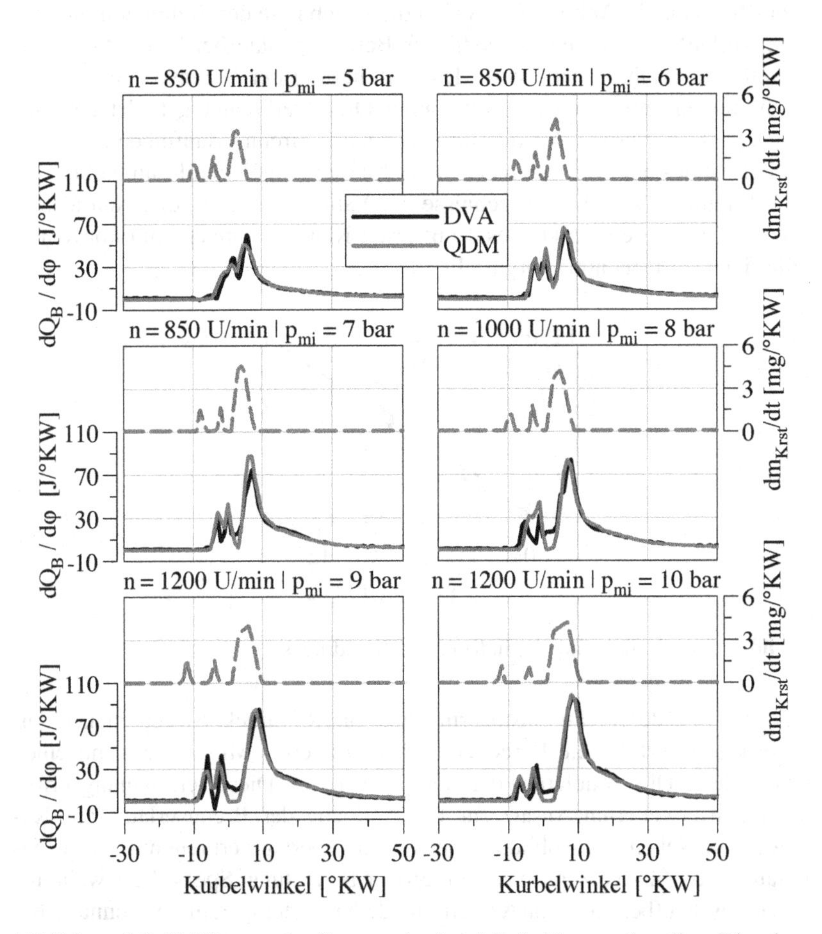

Abbildung 3.8: Validierung des Brennverlaufmodells bei konventionellem Dieselbrennverfahren

Basierend auf den Ergebnissen der Druckverlaufsanalyse erfolgt die nulldimensionale Brennverlaufsmodellierung. Ausgehend von der Injektoransteuerung und vom Raildruck werden der Einspritzverlauf nach dem Ansatz von Barba [6] sowie der Brennverlauf errechnet. Die Abbildung der zeitlichen Wärmefreisetzung gelingt anhand der in Kapitel 3.2.4 vorgestellten phänomenologischen Modellansätze. Über die Bilanzierung der Energie und Masse erfolgt die Berechnung der zeitlichen Änderungsrate von Druck, Temperatur und Masse des Systems. In Abbildung 3.8 sind die Ergebnisse der Simulation und der Druckverlaufsanalyse unterschiedlicher Betriebspunkte bei konventionellem Dieselbrennverfahren dargestellt. Die Validierung der Brennverlaufsmodelle mit homogenisierter und konventioneller Dieselverbrennung findet getrennt statt. Die Kalibrierung des quasidimensionalen Brennverlaufmodells erfolgt mit Hilfe eines einzigen Parametersatzes für den kompletten Kennfeldbereich. In Abbildung 3.9 sind die Ergebnisse der Validierung des indizierten Mitteldrucks aller Betriebspunkte des reduzierten Kennfeldbereichs mit konventioneller Dieselverbrennung dargestellt.

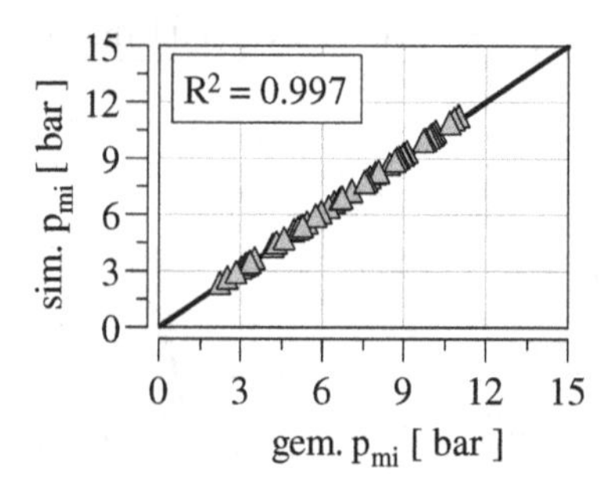

Abbildung 3.9: Validierung des indizierten Mitteldrucks

Unter Vorgabe der Injektoransteuerinformation (Raildruck, Ansteuerdauer, Ansteuerbeginn) erfolgt die Berechnung des indizierten Mitteldrucks mit einer hohen Güte. Die Simulation der homogenisierten Dieselverbrennung erfordert einen erweiterten Ansatz zur Beschreibung des Brennverlaufs aus Kapitel 3.2.4. Neben der Abbildung der Hochtemperaturverbrennung ist die Simulation der Zündverzugsphase von großer Bedeutung. Speziell die während der Gemischaufbereitungsphase auftretende Niedertemperaturverbrennung beeinflusst den späteren Verbrennungsablauf signifikant. Die Phase zwischen Einspritzbeginn und Brennbeginn der Hochtemperaturverbrennung definiert den Grad an Homogenisierung. Neben den luftpfadseitigen Randbedingungen Ladedruck, Ansaugtemperatur und Frischluft-Abgas-Zusammensetzung, wird der Brennverlauf wesentlich von der Motordrehzahl und der eingespritzten Kraftstoffmasse beeinflusst. In Abbildung 3.10 sind die Brennverläufe der Druckverlaufsanalyse und der Simulation bei unterschiedlichen Betriebspunkten dargestellt. Die Simulationsergebnisse bestätigen die hohe Vorhersagegüte des Zündverzugs und der Brennverlaufsform.

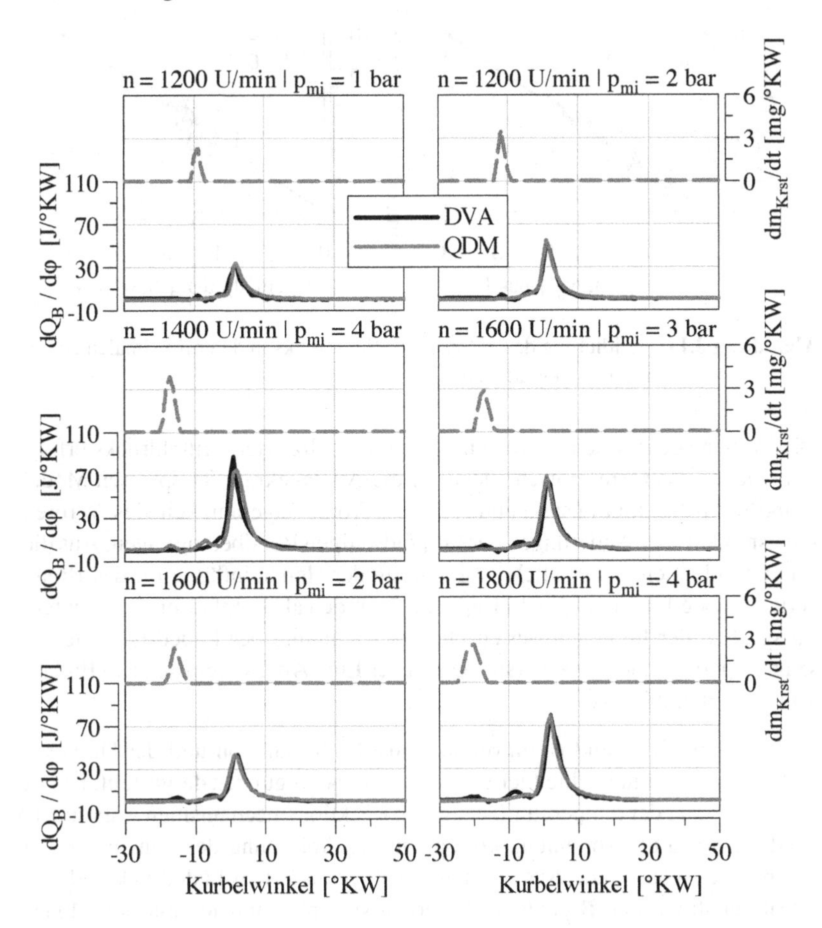

Abbildung 3.10: Validierung des Brennverlaufmodells bei teilhomogenem Dieselbrennverfahren

Trotz guter Abbildung der Brennverlaufsform und Verbrennungslage kommt es, wie in Abbildung 3.11 dargestellt, zu größeren Abweichungen der maximalen Brennraumdruckgradienten. Stimmen Position und Größenordnung des

Brennverlaufsmaximums nicht exakt überein, entstehen im errechneten Druckgradienten größere Unterschiede. Dennoch, wie die spätere Modellvalidierung in unterschiedlichen Fahrzyklen zeigt, wird eine qualitative Beurteilung der maximalen Druckgradienten durch das Modell ermöglicht.

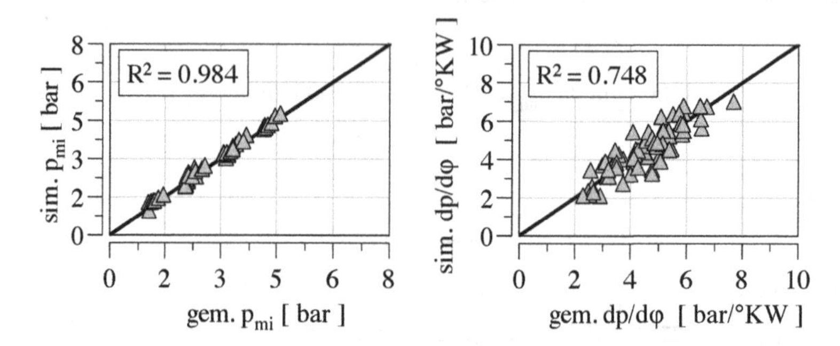

Abbildung 3.11: Validierung des indizierten Mitteldrucks und der maximalen Brennraumdruckgradienten

Die Vorhersage des betriebspunktabhängigen indizierten Mitteldrucks erfolgt mit einer hohen Güte. Entscheidend für die Aussagekraft der späteren Model-in-the-Loop Simulationsumgebung ist die Vorhersagefähigkeit des Verbrennungsmodells bei Änderungen der luftpfadseitigen Randbedingungen. Aus diesem Grund ist eine zusätzliche Validierung der Haupteinflüsse für das Brennverlaufsmodell erforderlich. In Kapitel 2.2 werden als luftpfadseitige Haupteinflussgrößen der homogenisierten Dieselverbrennung der Ladedruck, die Ansaugtemperatur und der Sauerstoffgehalt des Luft-Abgas-Gemischs im Einlasskrümmer charakterisiert.

In Abbildung 3.12 sind Brennverläufe aus der Simulation und der Druckverlaufsanalyse für unterschiedliche Luftpfadrandbedingungen dargestellt. Die Berücksichtigung der temperaturabhängigen Reaktionsmechanismen während der Niedertemperaturverbrennung ermöglicht die Abbildung der Sensitivität des Temperaturniveaus. Die Auswirkungen von verändertem Ladedruck und Sauerstoffgehalt auf den Brennverlauf werden vom phenomenologischen Modell abgebildet und führen zu einer hohen Güte des virtuellen Motors, welche für den simulationsgestützten Funktionsentwicklungsprozess von signifikanter Bedeutung ist.

Das vorgestellte Simulationsmodell des Verbrennungsmotors wird für die Reglerentwicklung in eine MiL-Simulationsumgebung integriert. Die Verwendung des vorhersagefähigen Verbrennungsmodells ermöglicht die Optimierung der

Verbrennungsregelung bei homogener und konventioneller Dieselverbrennung. Simulationsbasierte Untersuchungen zur geregelten Betriebsartenumschaltung zwischen beiden Brennverfahren sind ebenfalls realisierbar.

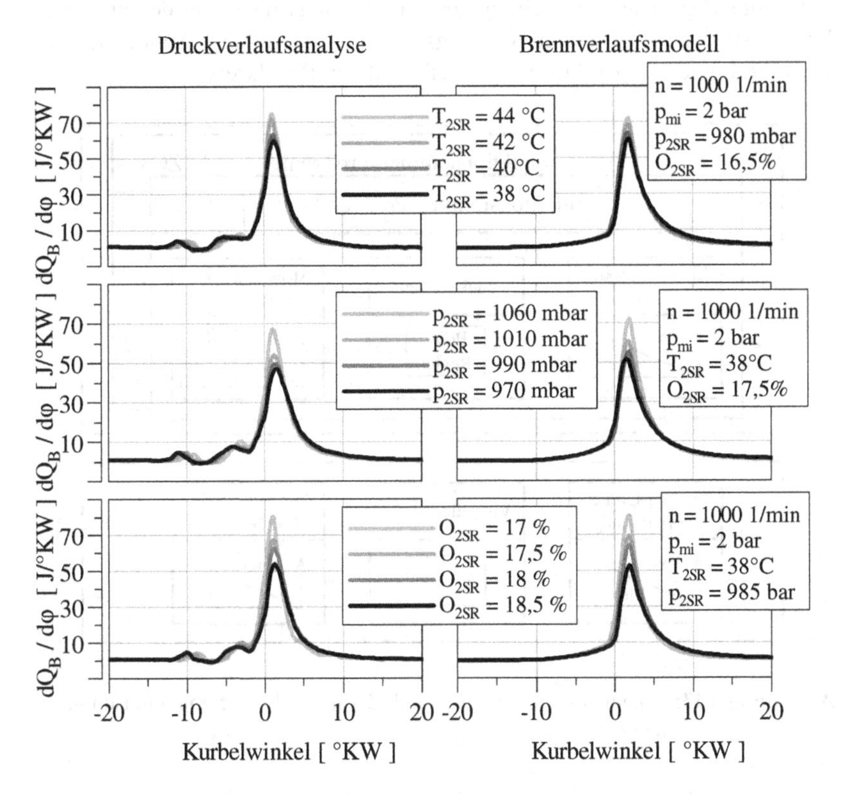

Abbildung 3.12: Modellvalidierung Ansaugtemperatur-, Ladedruck und AGR-Sensitivität

3.4 Der Funktionsentwicklungsprozess

Der Einsatz des Motormodells zur virtuellen Entwicklung der Steuergerätalgorithmen ermöglicht eine Optimierung des Gesamtprozesses. Die Einbindung des virtuellen Motors in die Funktionsentwicklungsumgebung ist in Abbildung 3.13 schematisch dargestellt. Das Motormodell dient zur Verknüpfung der Ausgangs- und Eingangsgrößen des Funktionsrahmens und bildet, auf Basis der vom Funktionsrahmen errechneten Aktorikansteuerung, das physikalische Verhalten des Verbrennungsmotors ab. Die Einbindung des virtuellen

Motors in den Funktionsentwicklungsprozess erfordert eine zusätzliche Vor- und Nachbereitung der Ein- und Ausgangsgrößen des Funktionsrahmens. In der Eingangsgrößenvorbereitung werden die invertierten Kennlinien der Sensoren hinterlegt. Die Aufbereitung der Ansteuerungssignale für den virtuellen Versuchsträger erfolgt in der Ausgangsgrößennachbereitung. Abbildung 3.13 zeigt die Berechnungsschritte eines vollständigen Regelkreises.

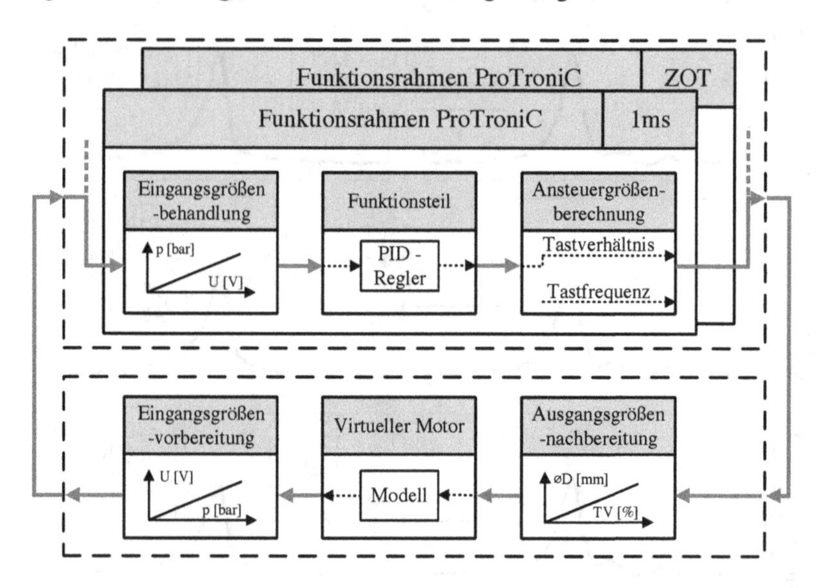

Abbildung 3.13: Schematischer Aufbau der Model-in-the-Loop Simulationsumgebung

Die virtuelle Entwicklung der Regelung erfordert ein hochgenaues, vorhersagefähiges Motormodell. Die direkte Übertragbarkeit der im Rahmen der MiL-Umgebung entwickelten Steuergerätfunktionen auf Anwendungen am Prüfstand wird durch den physikalisch basierten und vorhersagefähigen virtuellen Motor ermöglicht. Der Reglerentwicklungsprozess wird, wie in Abbildung 3.14 dargestellt, in unterschiedliche Phasen eingeteilt.

In der ersten Phase wird unter Verwendung des Motormodells das stationäre und transiente Verhalten analysiert. Die Auswahl geeigneter Führungsgrößen und notwendiger Stellgrößen erfolgt hauptsächlich auf virtueller Ebene. Der Einsatz von echtzeitfähigen Modellen zur Optimierung des Regelverhaltens von Verbrennungsmotoren wird in der Literatur bereits vielfältig vorgestellt. Die Systemmodellierung nimmt folglich eine wichtige Position in der Reglerentwicklung ein. Anhand der Modellierungsgrundlage des nicht-echtzeitfähigen virtuellen Versuchsträgers werden im Rahmen dieser Arbeit in der zweiten Phase vereinfachte, physikalisch basierte Steuergerätmodelle hergeleitet. Gelingt die Vereinfachung des virtuellen Versuchsträgers, wird der entsprechende Algorithmus in den Funktionsrahmen integriert und in der MiL-Umgebung getestet. Die virtuelle Vorauslegung der Struktur innerhalb der ersten drei Phasen ermöglicht eine signifikante Reduktion der Prüfstandsbelegungszeit während eines frühen Funktionsentwicklungsstadiums.

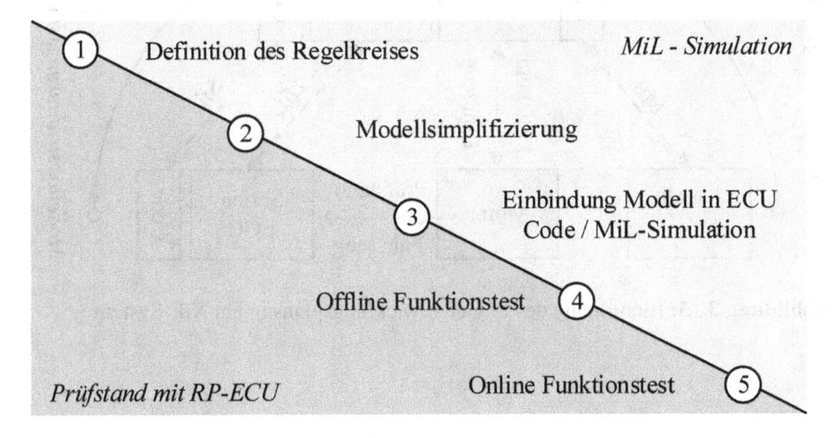

Abbildung 3.14: Phasen der Reglerentwicklung

Im Anschluss an die virtuelle Optimierung der Algorithmen erfolgt die Validierung der echtzeitfähigen Modelle anhand stationärer und transienter Prüfstandsmessdaten. Die finale Überprüfung des Funktionsrahmens erfolgt durch transiente Untersuchungen der städtischen Fahrprofile des NEFZ und WLTC. Neben der Verringerung der Hardwareeinsatzzeit führt die Verwendung des vorgestellten Reglerentwicklungsplans zur Reduktion der Fehleranfälligkeit. Die Verlagerung notwendiger Iterationsschleifen des Entwicklungsprozesses auf die virtuelle Ebene optimiert den Gesamtprozess. Die Einordnung des vorgestellten simulationsgestützten Prozesses in eine gesamtheitliche Entwicklungsstruktur ist in Abbildung 3.15 dargestellt.

Die Weiterentwicklung der echtzeitfähigen Modelle von Stufe II ermöglicht den Einsatz in einem Echtzeitsystem. Über die Umsetzung der notwendigen Schnittstellen einer SiL- und HiL-Umgebung kann eine sukzessive Vereinfachung und Optimierung des Steuergerätcodes für eine Serienanwendung erfolgen. Beide Simulationskonzepte werden in dieser Arbeit jedoch nicht umgesetzt. Vielmehr wird ein Konzept zur Regelung der teilhomogenen Verbrennung mit Betriebsartenumschaltung entwickelt. Eine Serienumsetzung steht nicht im Vordergrund.

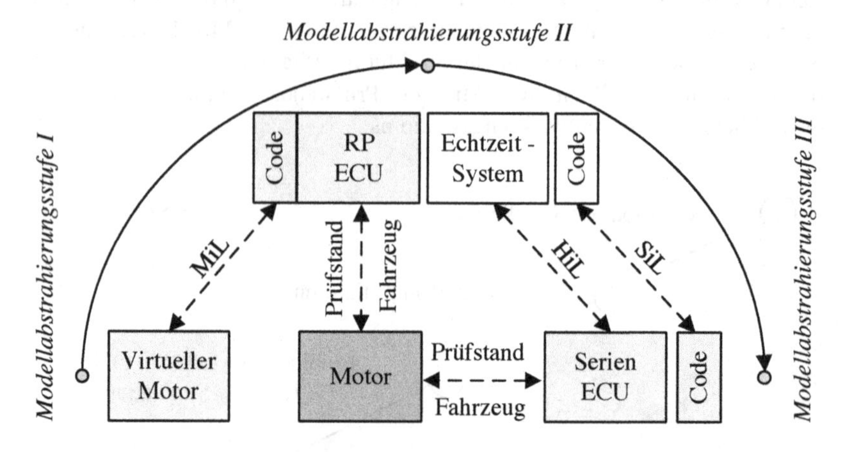

Abbildung 3.15: Einordnung des Reglerentwicklungsplans in ein XiL-System

4 Funktionsrahmen der Luftpfadregelung

Die ausgeprägte Sensitivität der teilhomogenen Verbrennung auf Zustandsänderung im Luftpfadsystem erfordert ein präzises Führungsverhalten der Motorregelung in stationären und transienten Betriebsphasen. Die Komplexität der physikalischen Vorgänge und die charakteristische Nichtlinearität des Systems erhöhen den Anspruch an die Regelung. Unter Optimierung des indizierten Wirkungsgrades, der Abgas- und der Geräuschemissionen erfolgt die Funktionsrahmenentwicklung auf der Grundlage der physikalischen Zusammenhänge der teilhomogenen Verbrennung. Zur Identifikation wichtiger Führungsgrößen werden die Ergebnisse der Sensitivitätsanalyse aus Kapitel 2.2 verwendet.

4.1 Die Regelung der niederdruckseitigen Abgasrückführung

Die Darstellung eines möglichst großen Kennfeldbereichs mit teilhomogenem Brennverfahren erfordert hohe Abgasrückführraten in Kombination mit niedrigen Ansaugtemperaturen. Aufgrund der Systemeigenschaften wird das bestehende Motorkonzept um eine niederdruckseitige Abgasrückführung ergänzt. Die ausgeprägte Sensitivität der teilhomogenen Verbrennung auf den Sauerstoffanteil des angesaugten Frischluft-Abgas-Gemischs erfordert die Entwicklung eines Regelungs- bzw. Steuerungssystems mit genauem Führungsverhalten. Die Bewertung des entwickelten Funktionsrahmens für die Regelung wird anhand der Geräusch- und Abgasemissionen mit teilhomogener Verbrennung vollzogen. Analog zu den Untersuchungen in [77] findet die Charakterisierung des Geräuschniveaus durch den maximalen Brennraumdruckgradienten statt.

Zur Beschreibung des Systemzustands unter stationären Bedingungen eignet sich die in der Literatur weit verbreitete Definition der AGR-Rate. Bereits in [86] wird nachgewiesen, dass sich die AGR-Rate während dem transienten Motorbetrieb nicht zur Bestimmung des physikalischen Zustands im Brennraum eignet. Zur Identifikation einer passenden Führungsgröße der ND-AGR-Regelung wird daher in [86] der Sauerstoffgehalt im Einlasskrümmer als Führungsgröße definiert. Abbildung 4.1 zeigt eine am Motorenprüfstand gemessene Sprungantwort relevanter Luftpfadgrößen, Indizierkennwerte und Abgasemissionen auf eine Veränderung der ND-Aktorik-Position bei sonst konstanten Betriebsbedingungen. Aufgrund der systembedingten Trägheit der Lageregelung des ND-AGR-Ventils wird die vorgegebene Sollposition erst verzögert erreicht. Die unmittelbare physikalische Verknüpfung der eingestellten Drosselung durch das Ventil und des rückgeführten Abgasmassenstroms verursacht eine direkte Veränderung des durch den Heißfilm-Luftmassenmesser bestimmten Luftmassenstroms. Das veränderte Mischungsverhältnis aus Abgas und Frischluft bedingt einen Abfall des Sauerstoffgehalts nach der ND-AGR-Beimischung. Die Messergebnisse verdeutlichen, dass weder die AGR-Rate noch der Sauerstoffgehalt direkt nach der ND-AGR-Zumischstelle den zeitlichen Verlauf der Indiziergrößen und der Emissionen erklärt.

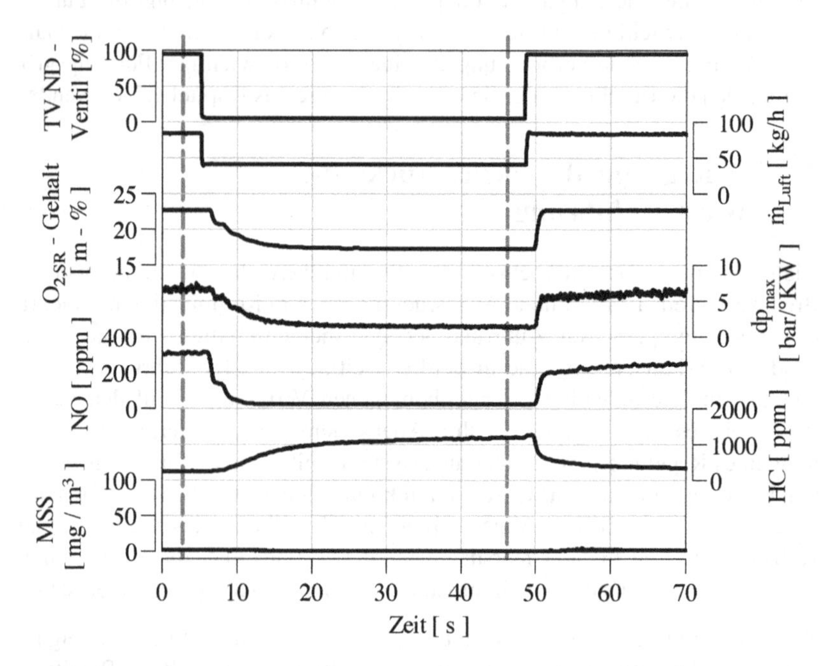

Abbildung 4.1: Messergebnisse zur Sprungantwort des ND-AGR-Systems, n = 850 U/min , m_B = 8 mg/ASP

Die Abhängigkeit der Ausbreitungsgeschwindigkeit einer Konzentrationsänderung vom Volumen und vom Volumenstrom führt zu einer verzögerten Beeinflussung der teilhomogenen Verbrennung. Im Gegensatz zum sprunghaften Schließen des AGR-Ventils verursacht ein Öffnen, aufgrund des auftretenden Zirkulationseffekts, eine Verstärkung des Verzögerungsverhaltens. Dieses Phänomen ist durch die Abhängigkeit des Abgassauerstoffgehalts von der Zusammensetzung des angesaugten Luft-Abgas-Gemischs zu erklären. Eine sich ändernde Abgaszusammensetzung beeinflusst bei konstantem ND-AGR-

Massenstrom wiederum zeitlich verzögert den Sauerstoffgehalt im Einlasskrümmer. Die Folge ist ein tot- und laufzeitbehaftetes Verhalten der Brennraumdruckgradienten und der Abgasemissionen. Eine Kompensation der systembehafteten Trägheit ist unter Verwendung einer rein niederdruckseitigen Abgasrückführung nicht möglich.

4.1.1 Die Bestimmung des Sauerstoffgehalts nach der ND-AGR-Beimischung

Die für die Sauerstoffregelung notwendige Bestimmung des massenbezogenen Sauerstoffgehalts erfolgt über die ansaugseitig angebrachte Lambdasonde. Für die Umsetzung des Regelkreises der ND-AGR-Strecke bestehen mehrere Möglichkeiten zur Positionierung des Sensors. Eine Lambdasonde im Saugrohr stellt für die Regelung der ND-AGR-Strecke aufgrund der Systemträgheit keine optimale Lösung dar. Zur Reduktion unerwünschter Totzeiten im Regelkreis wird die Lambdasonde direkt nach dem Verdichter angebracht. Die Verwendung eines geeigneten ND-AGR-Beimischers ermöglicht eine ausreichende Homogenisierung des Luft-Abgas-Gemisches, sodass eine Reproduzierbarkeit bei der Bestimmung des Sauerstoffpartialdrucks durch die Sonde gewährleistet wird. Da die Lambdasonde zunächst den Sauerstoffpartialdruck an der Messstelle ermittelt, wird eine Korrelation des Sensorwerts zum massenbezogenen Sauerstoffgehalt benötigt. Die Beheizung und Umwandlung des gemessenen Pumpstroms zu einer Spannung gelingt für den Versuchsträger durch ein Lambdameter. Bereits in [86] wird eine Korrektur des Sensorwerts durch den Systemdruck vorgeschlagen. Für den Versuchsträger ermöglicht eine lineare Korrelation zum Systemdruck und zum ausgegebenen Spannungswert eine genaue Bestimmung des volumenbezogenen Sauerstoffgehalts. Über die sensorspezifische Anpassung von a_1, a_2 und a_3 wird nach folgender Gleichung der volumenbezogene Sauerstoffgehalt ermittelt:

$$O_2[vol\%] = a_1 + a_2 \cdot U_{LA4}[V] + a_3 \cdot p_{System}[mbar] \tag{4.1}$$

Über die in [86] hergeleitete Funktion vollzieht sich die Umrechnung des volumenbezogenen in einen massenbezogenen Sauerstoffgehalt:

$$O_2[m\%] = 100 \cdot \frac{32 \cdot O_2[vol\%]}{2994 - 4,72 \cdot O_2[vol\%]} \tag{4.2}$$

Abbildung 4.2 zeigt die Messergebnisse zum Abgleich des ermittelten Sauerstoffgehalts für die Lambdasonde nach dem Verdichter. Als Referenz dient der durch den O_2-Analysator der Abgasmessanlage bestimmte volumenbezogene Sauerstoffgehalt.

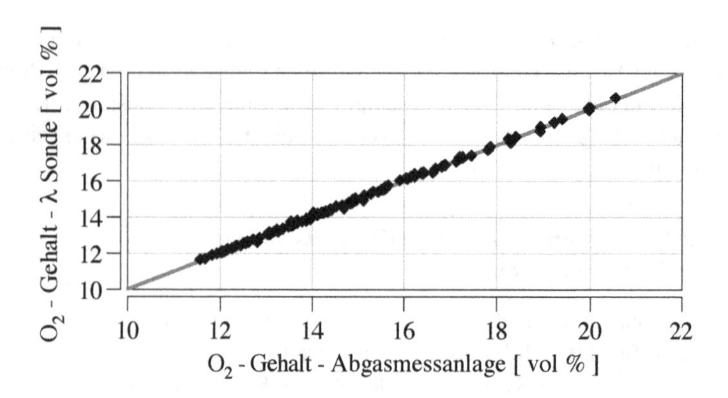

Abbildung 4.2: Kalibrierung der Lambdasonde nach dem Verdichter

4.1.2 Das Regelkonzept der ND-AGR

Der ausgeprägte Einfluss des Sauerstoffanteils im Einlasskrümmer auf die teilhomogene Verbrennung erfordert die Entwicklung einer Steuer- bzw. Regelstruktur für die Aktorik der niederdruckseitigen Abgasrückführung. Um hohe Brennraumdruckgradienten speziell in transienten Phasen zu vermeiden, sind geringe Abweichungen zum applizierten Sollwert von signifikanter Bedeutung. Zur Optimierung des Gesamtprozesses erfolgt die Entwicklung des Regelkonzepts für die ND-AGR-Strecke zunächst auf virtueller Ebene. Für die Regelung des ND-AGR-Pfads stehen das AGR-Ventil und die Abgasgegendruckklappe als Stellgrößen zur Verfügung. Somit ergibt sich für das ND-AGR-System ein „Single Input Multiple Output" (SIMO) Regelungssystem.

Aus thermodynamischer Sicht ist jedoch das zeitgleiche Regeln der Abgasgegendruckklappe und des AGR-Ventils kein optimaler Betriebszustand. Über die Einführung des ND-Aktorik-Äquivalents Φ wird die Transformation des SIMO auf ein „Single Input Single Output" (SISO) Regelungssystem ermöglicht. Der Parameter Φ besitzt dabei einen Wertebereich von -100 bis 100 und ist der ND-Aktorik über die in Abbildung 4.3 gezeigten Kennlinie zugeordnet. Einem Φ-Wert von -100 ist einem geschlossenem ND-AGR-Ventil (95 %) und einer geöffneten AGD (5 %) zugewiesen. Bei einem Φ-Wert von 100 wird die AGD angestellt (95 %) und das AGR-Ventil geöffnet (5 %). Beide Beispiele stellen die Grenzen von minimal und maximal möglicher AGR-Menge dar.

Ein einfaches und schnell umzusetzendes Regelkonzept für die ND-AGR ist der PI-Regler mit kennfeldbasierter Vorsteuerung. Zur Vereinfachung der Reglerparametrierung wird der D-Anteil vernachlässigt. Dieses Konzept kommt bereits für die Luftpfadregelung von Verbrennungsmotoren zur Anwendung [57, 86]. Im Kennfeld der Vorsteuerung werden last- und drehzahlabhängig die stationär zum Sollwert des Sauerstoffgehalts zugehörigen Ansteuerverhältnisse der Aktorik hinterlegt. Durch die Addition des Reglerausgangs zum Vorsteuerwert werden Störeinflüsse und Ungenauigkeiten der Vorsteuerung ausgeglichen. Im Anhang ist in Abbildung A.1 das Schema des zugehörigen Funktionsrahmens abgebildet. Für eine Lastrampe bei 1000 U/min von 1 bar auf 3,5 bar im indizierten Mitteldruck wird das Verhalten des Reglers mit kennfeldbasierter Vorsteuerung und unterschiedlichen Regelparametrierungen in der Simulationsumgebung analysiert.

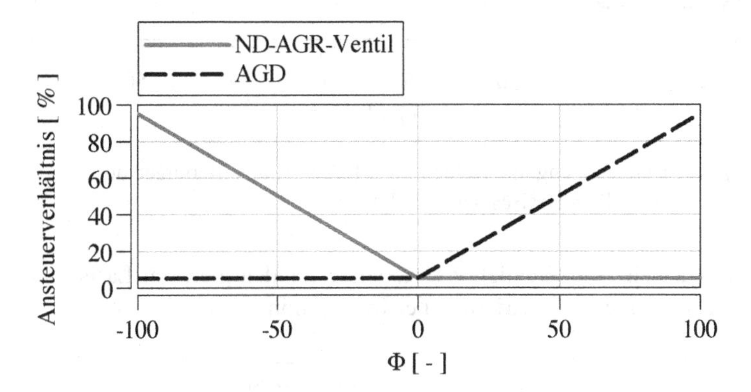

Abbildung 4.3: Kennlinie des ND-Aktorik-Äquivalents

Da die kennfeldbasierte Steuerung ohne Regler instationäre Effekte der ND-AGR nicht berücksichtigt, entstehen während transienten Phasen deutliche Sollwertabweichungen. Aufgrund der Systemtotzeit erfordert der Zirkulationseffekt der ND-AGR die Verwendung eines Regelkreises. Die Applikation des P- und I-Glieds ermöglicht im Vergleich zur kennfeldbasierten Steuerung eine Verbesserung des Führungsverhaltens. Über die Begrenzung des Ansteuerverhältnisses der Abgasgegendruckklappe werden kritische Zustände verhindert.

Tabelle 4.1: Unterschiedliche Parametrierung des ND-AGR-Reglers

Variante	P-Glied	I-Glied	D-Glied
1	0	0	0
2	-0,8	-0,8	0
3	-1	-4	0

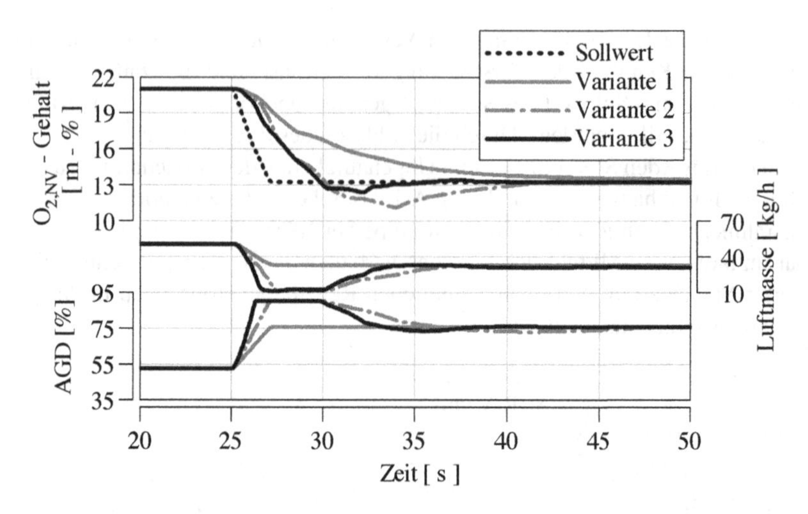

Abbildung 4.4: Untersuchung unterschiedlicher Reglerparametrierungen des ND-AGR-Regelkreises bei 1000 U/min

Abbildung 4.5 zeigt die Simulationsergebnisse für den gleichen Lastsprung mit identischer Reglerparametrierung bei 1600 U/min.

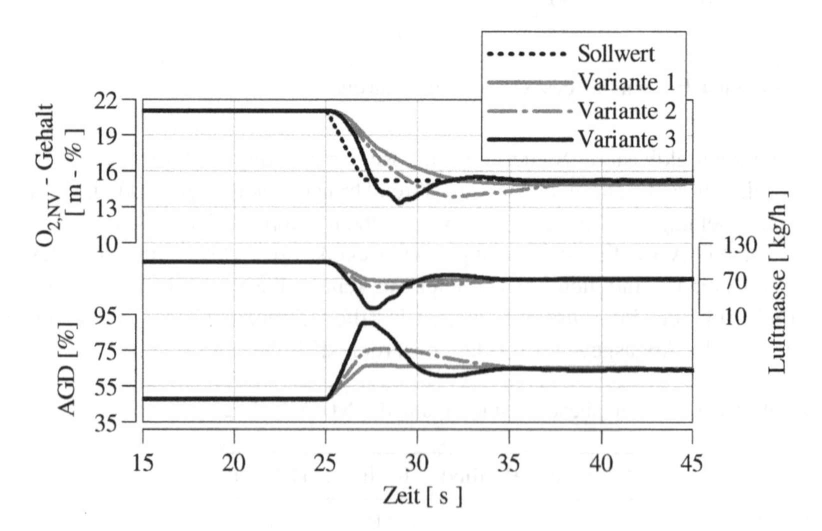

Abbildung 4.5: Untersuchung unterschiedlicher Reglerparametrierungen des ND-AGR-Regelkreises bei 1600 U/min

Aufgrund der höheren Motordrehzahl ändert sich die Sensitivität des Sauerstoffgehalts nach dem Verdichter auf einen Positionswechsel der ND-Aktorik. Die Reglerparametrierung muss dementsprechend angepasst werden.

Die applizierten Regelparameter müssten mindestens über der Motordrehzahl als Kennlinie hinterlegt werden. Der mit der Reglerparametrierung verbundene Aufwand ist ein wesentlicher Nachteil dieses Regelungssystems. Statt einer umfangreichen Applikation der Regelfaktoren stellt die Verwendung einer modellbasierten Lösung ein alternatives Regelkonzept dar und wird im Folgenden näher untersucht. Generell existieren, wie bereits in Abbildung 3.1 beschrieben, unterschiedliche Möglichkeiten Verbrennungsmotoren durch ein Simulationsmodell abzubilden. Die Modellierungsgenauigkeit für den Einsatz auf dem Steuergerät wird durch die vorhandene Rechenkapazität und durch die erreichte Abbildungsgüte bestimmt. Angesichts des großen Rechenaufwands durch die geringen Rechenzeitschritte sind Luftpfadmodelle, welche das Gleichungssystem aus Massen-, Energie- und Impulserhaltungssatz numerisch lösen, nicht zum Einsatz im Funktionsrahmen geeignet. Für die echtzeitfähige Anwendung auf dem Steuergerät werden einfachere Modellansätze benötigt. Grundsätzlich existieren, unabhängig vom Einsatz des Modells im Steuergerätalgorithmus, zwei Modellgrundstrukturen: der virtuelle Sensor und die modellbasierte Steuerung. Beim Einsatz des Modells als virtueller Sensor wird eine physikalische Größe, wie beispielsweise der Sauerstoffgehalt nach dem Verdichter modellbasiert errechnet. Die Verwendung des Modells im Funktionsrahmen ermöglicht eine Reduktion der zur Regelung des Motors benötigten Messtechnik.

Der Einsatz des Modells in invertierter Form als modellbasierte Steuerung unterstützt die Regelung des Motors. Unter Vorgabe eines applizierten Sollwerts errechnet das Modell einen Vorsteuerwert. Im Vergleich zur kennfeldbasierten Vorsteuerung ermöglicht der Einsatz des invertierten Modells eine Verbesserung der Vorsteuerung. Basierend auf der Massenerhaltung und dem Satz von Bernoulli wird ein zur Regelung der ND-AGR-Strecke vereinfachter Modellierungsansatz hergeleitet. Über die Massenbilanz an der ND-AGR-Beimischung errechnet sich der Sauerstoffgehalt nach folgender Gleichung:

$$O_{2,NV} = \frac{\dot{m}_{FL} \cdot O_{2,Umg} + \dot{m}_{NDAGR} \cdot O_{2,NDPF}}{\dot{m}_{FL} + \dot{m}_{NDAGR}} \tag{4.3}$$

Die Berechnung des Sauerstoffgehalts nach dem Verdichter setzt den ND-AGR-Massenstrom als gegebene Größe voraus. Um während des Motorbetriebs den AGR-Massenstrom zu errechnen, wird ein vereinfachter physikalischer Ansatz durch die thermische Zustandsgleichung und die Bernoulli-Gleichung verwendet [41]. Unter der Annahme einer adiabaten, horizontal verlaufenden Strömung wird durch Gleichung 4.4 eine vereinfachte Berechnung des Massenstroms über eine gedrosselte Strecke erreicht.

$$\dot{m} = \xi \cdot \frac{p_1}{\sqrt{R \cdot T_1}} \cdot \left(\frac{p_2}{p_1}\right)^{\frac{1}{\kappa}} \cdot \sqrt{\frac{2\kappa}{\kappa - 1} \cdot \left[1 - \left(\frac{p_2}{p_1}\right)^{\frac{\kappa-1}{\kappa}}\right]} \tag{4.4}$$

Übertragen auf die ND-AGR Strecke beschreibt der Koeffizient ξ die Drosseleigenschaften der Verrohrung, des AGR-Ventils und des Wärmetauschers. Unter Vernachlässigung der Druckverluste der Streckenführung berücksichtigt das im Rahmen dieser Arbeit entwickelte Modell lediglich zwei Drosselstellen: das Ventil und den Wärmetauscher. Die Modellvorstellung ist in Abbildung 4.6 schematisch veranschaulicht. Der AGR-Kühler wird durch zwei isobare Wärmeübergänge und eine adiabate Drosselung abgebildet.

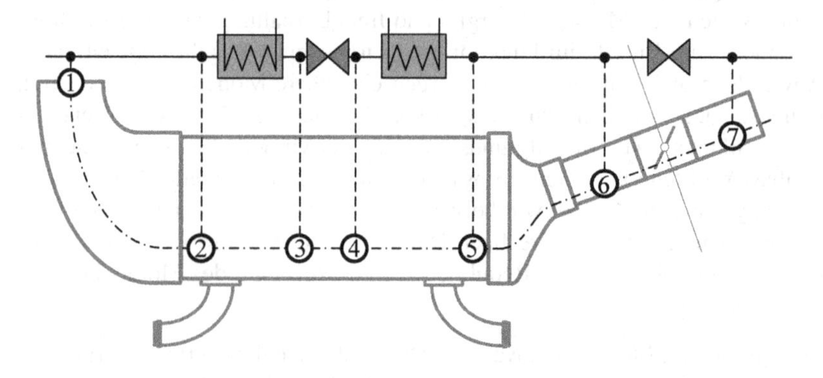

Abbildung 4.6: Schematische Darstellung des ND-AGR-Streckenmodells

Die Berücksichtigung des Wandwärmeübergangs ist notwendig, da zur Berechnung der adiabaten Drosselung die Gastemperatur benötigt wird. Die gesamte Strecke wird durch insgesamt 6 Zustandsänderungen beschrieben:

1 - 2 adiabat und reibungsfrei
2 - 3 isobarer Wärmeübergang
3 - 4 adiabate Drosselung
4 - 5 isobarer Wärmeübergang
5 - 6 adiabat und reibungsfrei
6 - 7 adiabate Drosselung

Die Zuordnung des Drosselbeiwerts zur Position des ND-AGR Ventils erfolgt über die in Abbildung 4.7 gezeigte Kennlinie. Die thermischen Eigenschaften des AGR-Kühlers und des Abgasenthalpiestroms bei Position 2 beeinflussen die Gastemperatur bei Position 3. Zur Beschreibung der Drosselverluste des AGR-Kühlers wird daher ein neuer Parameter Γ eingeführt. Dieser ist als Quotient von ξ zur Wurzel der Kühlereintrittstemperatur T definiert und beschreibt die Wärme- und Drosseleigenschaften des Wärmetauschers. Für das vorgestellte ND-AGR-System wird kein AGR-Kühler-Bypass verwendet. Auf die Modellierung eines Bypasses wird folglich verzichtet. Unter der Voraussetzung eines betriebswarmen Motors wird Γ als Kennfeld, abhängig vom Systemmassenstrom und der Kühlereintrittstemperatur, hinterlegt. Abbildung 4.7 zeigt das Γ-Kennfeld. Der Algorithmus des virtuellen Sensors zur Bestimmung des Sauerstoffgehalts nach Verdichter errechnet zunächst den niederdruckseitig rückgeführten Massenstrom. Im Folgenden wird die aus der Motorenentwicklung bekannte Konvention zur Bezeichnung der einzelnen Druck- und Temperaturmessstellen verwendet (siehe Abkürzungsverzeichnis).

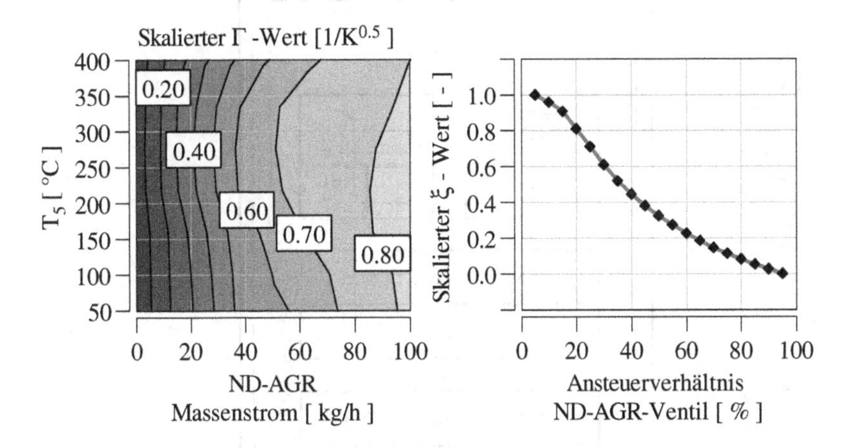

Abbildung 4.7: Γ-Kennfeld des ND-AGR-Kühlers (links) und Drossel-Kennlinie des ND-AGR-Ventils (rechts)

Durch das Gleichsetzen der Gleichungen vom AGR-Ventil und AGR-Kühler wird der Druck $p_{5'}$ zwischen dem AGR-Kühler und dem Ventil berechnet. Aus der Abhängigkeit des Parameters Γ vom Massenstrom ergibt sich eine Iterationsschleife. Unter Vorgabe des im Zeitschritt zuvor errechneten Massenstroms, der gemessenen Temperatur T_5 und einer definierten Anzahl an Iterationen wird der Parameter Γ bestimmt. Die Temperatur zwischen beiden

Drosselstellen wird als Größe $T_{5'}$ bezeichnet. Die Berechnung der Temperatur $T_{5'}$ gelingt durch ein Kennfeld mit der Kühlereintrittstemperatur und dem AGR-Massenstrom als Vorgabegrößen. Da das Kennfeld keinen Kühlmitteltemperatureinfluss berücksichtigt, beschränkt sich dessen Gültigkeit auf einen betriebswarmen Motor.

$$\Gamma \cdot \frac{p_5}{\sqrt{R}} \cdot \left(\frac{p_{5'}}{p_5}\right)^{\frac{1}{\kappa}} \cdot \sqrt{\frac{2\kappa}{\kappa-1} \cdot \left[1-\left(\frac{p_{5'}}{p_5}\right)^{\frac{\kappa-1}{\kappa}}\right]} = \xi_{Ventil} \cdot \frac{p_{5'}}{\sqrt{R \cdot T_{5'}}} \cdot \left(\frac{p_1}{p_{5'}}\right)^{\frac{1}{\kappa}} \cdot \sqrt{\frac{2\kappa}{\kappa-1} \cdot \left[1-\left(\frac{p_1}{p_{5'}}\right)^{\frac{\kappa-1}{\kappa}}\right]} \tag{4.5}$$

Das vollständige Berechnungsschema des virtuellen Sensors ist in Abbildung 4.8 dargestellt.

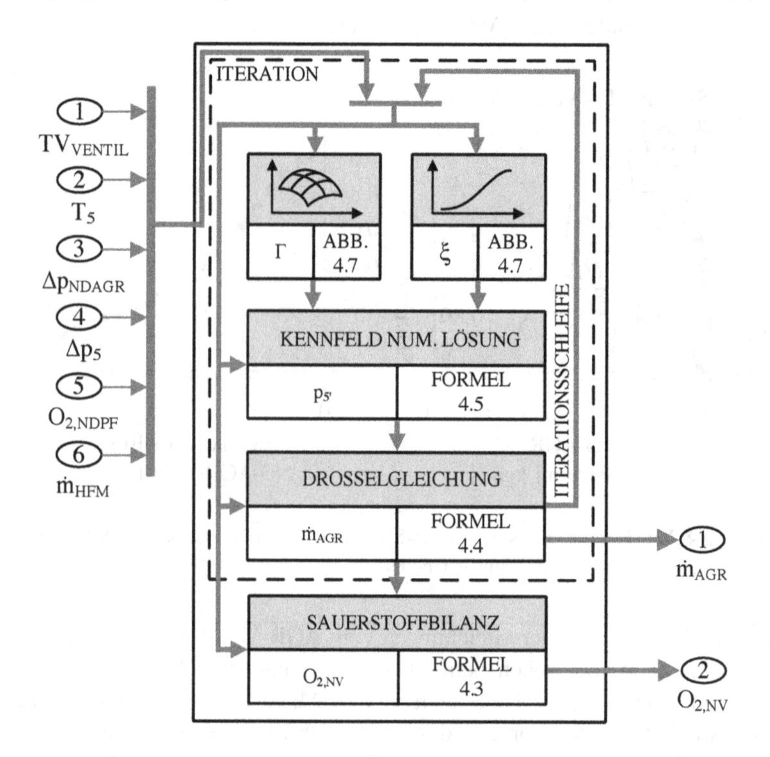

Abbildung 4.8: Berechnungsschema des ND-AGR-Modells

Um die benötigte Rechenkapazität zu reduzieren, wird Gleichung 4.5 im Vorfeld numerisch gelöst und das Ergebnis in einem mehrdimensionalen Kennfeld hinterlegt. Die Bestimmung von $p_{5'}$ findet im Steuergerätalgorithmus nur noch durch das Kennfeld statt. Über die Drosselgleichung des ND-AGR-Ventils oder des AGR-Kühlers wird der Systemmassenstrom ermittelt. Eine übergeordnete Iterationsschleife mit einer festen Anzahl an Iterationsschritten nutzt den aktuell errechneten Massenstrom zur erneuten Bestimmung von Γ und ermöglicht eine Verbesserung der Modellgüte innerhalb des Zeitschritts. Über den abgasseitig bestimmten Sauerstoffgehalt nach dem Dieselpartikelfilter und durch den gemessenen Frischluftmassenstrom wird anhand Gleichung 4.3 die Sauerstoffkonzentration nach dem Verdichter errechnet. Die Umsetzung des virtuellen Sensors im Funktionsrahmen zur Bestimmung der Sauerstoffkonzentration nach dem Verdichter erfolgt zunächst in der Model-in-the Loop-Umgebung. Abbildung 4.9 zeigt die Simulationsergebnisse für den urbanen Bereich des NEFZ.

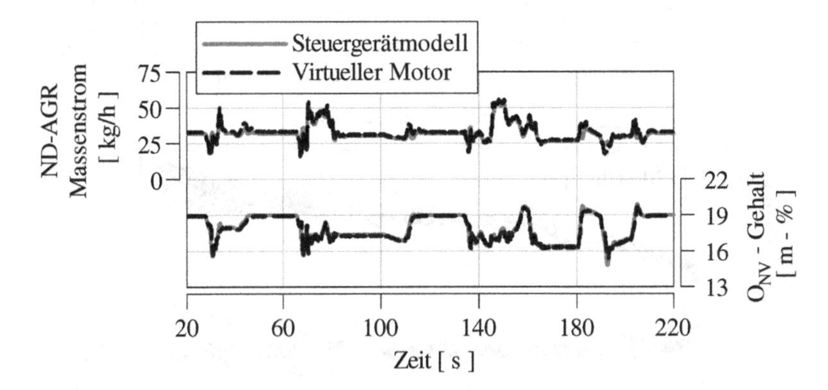

Abbildung 4.9: Simulationsergebnisse urbaner Bereich NEFZ: Γ-Modell Validierung

Der Berechnungsalgorithmus ermöglicht die Vereinfachung des virtuellen Motors zu einem Steuergerätmodell. Die Bestimmung des AGR-Massenstroms und des Sauerstoffgehalts nach dem Verdichter ist von einer hohen Qualität gekennzeichnet. Die beim virtuellen Motor berücksichtigten Sensorträgheiten führen zu geringfügigen Unterschieden beider Signale.

Im Anschluss an die virtuellen Untersuchungen wird der Funktionsrahmen anhand von Prüfstandsmessdaten validiert. In Abbildung 4.10 ist die durch den Modellansatz erreichte Genauigkeit des AGR-Massenstroms und des Sauerstoffgehalts nach dem Verdichter dargestellt. Besonders bei niedrigen Massenströmen entstehen größere Ungenauigkeiten. Die Begründung liegt in der Messtoleranz der verwendeten Differenzdrucksensoren der ND-AGR Strecke. Da abhängig vom Betriebspunkt Differenzdrücke von unter 10 mbar vorkommen, steigt in diesen Fällen der prozentuale Messfehler. Modellabweichungen sind die Folge. Aufgrund dieser Fehler kann das Modell nicht als virtueller Sensor im Funktionsrahmen zum Einsatz kommen. Für das Regelkonzept wird daher ein Regelkreis mit einer Lambdasonde nach dem Verdichter benötigt.

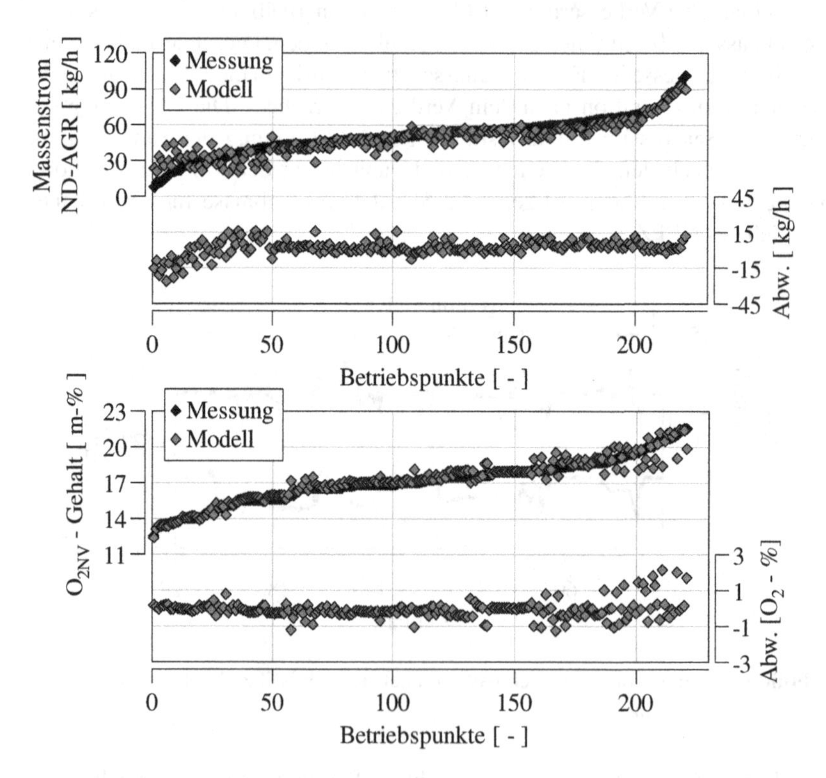

Abbildung 4.10: Prüfstandsergebnisse: Γ-Modell-Validierung des Massenstroms (oben) und des Sauerstoffgehalts nach dem Verdichter (unten)

Der Einsatz des entwickelten Modells als Vorsteuerung erfordert die Invertierung des Ansatzes. Die Kombination aus Vorsteuerung und Regler ermöglicht den Ausgleich eventueller Modellungenauigkeiten. Auf Basis physikalischer Zusammenhänge bestimmt der Algorithmus hierbei die zum applizierten Sollwert zugehörige Position der Aktorik. Im Gegensatz zum virtuellen Sensor wird neben der Vorsteuerung des AGR-Ventils ein Modellansatz zur Beschreibung der Abgasgegendruckklappe benötigt. Theoretisch wird der Rechenalgorithmus der Vorsteuerung in den AGR-Ventil- und den AGD-Betrieb aufgeteilt. Im AGR-Ventil-Betrieb wird die Abgasgegendruckklappe vollständig geöffnet und der AGR-Massenstrom durch die Position des ND-AGR-Ventils eingestellt.

Die physikalischen Randbedingungen und der applizierte Sollwert des Sauerstoffgehalts nach dem Verdichter bestimmen dabei den Positionswert des ND-AGR-Ventils. Unter der Annahme einer konstanten Frischluftmasse und einer konstanten Abgaszusammensetzung innerhalb des Rechenschritts wird der notwendige ND-AGR-Massenstrom nach folgender Gleichung errechnet:

$$\dot{m}_{NDAGR,Soll} = \frac{O_{2NV,Soll} - O_{2,Umg}}{O_{2,NDPF} - O_{2NV,Soll}} \cdot \dot{m}_{FL} \tag{4.6}$$

Die Sollwert-Bestimmung der Aktor-Position wird durch die Invertierung des Γ-Modells nach Gleichung 4.7 erreicht:

$$\xi_{Ventil,Soll} = \frac{\dot{m}_{NDAGR,Soll}}{\frac{p_{5'}}{\sqrt{R \cdot T_{5'}}} \cdot \left(\frac{p_1}{p_{5'}}\right)^{\frac{1}{\kappa}} \cdot \sqrt{\frac{2\kappa}{\kappa-1} \cdot \left[1 - \left(\frac{p_1}{p_{5'}}\right)^{\frac{\kappa-1}{\kappa}}\right]}} \tag{4.7}$$

Der zur Lösung von Gleichung 4.7 benötigte Druck $p_{5'}$ wird über die Drosselgleichung des AGR-Kühlers errechnet. Das numerische Lösen der Gleichung 4.8 ermöglicht die Berechnung von $p_{5'}$. Für die echtzeitfähige Umsetzung des Rechenalgorithmus wird die Gleichung 4.5 numerisch nach dem Druck $p_{5'}$ umgestellt und die Lösung in einem mehrdimensionalen Kennfeld hinterlegt.

$$\dot{m}_{NDAGR,Soll} = \Gamma \cdot \frac{p_5}{\sqrt{R}} \cdot \left(\frac{p_{5'}}{p_5}\right)^{\frac{1}{\kappa}} \cdot \sqrt{\frac{2\kappa}{\kappa - 1} \cdot \left[1 - \left(\frac{p_{5'}}{p_5}\right)^{\frac{\kappa-1}{\kappa}}\right]} \tag{4.8}$$

Die Verwendung des ND-AGR-Ventils zur Steuerung des Sauerstoffgehalts beschränkt sich aufgrund der geringen Druckverluste der ND-AGR-Strecke auf einen kleinen Betriebsbereich mit niedrigen AGR-Massenströmen. Betriebspunktabhängig führen die geringen Druckverluste der Strecke zu Differenzdrücken von unter 5 mbar. Die daraus resultierende Messungenauigkeit des Differenzdrucksensors verursacht Modellfehler des Γ-Ansatzes. Der Einsatz des Modells für ND-Aktorik-Äquivalente mit Werten kleiner 0 ist daher nicht sinnvoll. Zur Darstellung der teilhomogenen Verbrennung werden stationäre AGR-Raten von bis zu 55 % benötigt. Für das alternative Brennverfahren sind ND-Aktorik-Äquivalente für Werte kleiner 0 kaum von Bedeutung, sodass die

Abgasgegendruckdrossel zur Regelung des Sauerstoffgehalts nach dem Verdichter eingesetzt wird. Im Unterschied zum ND-AGR-Ventilbetriebsbereich wird zur Steuerung der Abgasgegendruckdrossel zunächst ein Druck-Sollwert $p_{5,Soll}$ über das Γ-Modell der ND-AGR-Strecke errechnet.

Unter Verwendung des Drosselmodells der Abgasgegendruckklappe wird anschließend dessen Tastverhältnis bestimmt. Die Berechnung des Sollwerts für den Druck p_5 erfolgt unter Vorgabe des Zielwerts des ND-AGR-Massenstroms nach folgenden Gleichungen:

$$p_{5'} = p_1 \left[\frac{\sqrt{\frac{2R \cdot T_{5'} \cdot (\kappa - 1)}{\kappa} \cdot \left[\frac{\dot{m}_{NDAGR}}{p_1 \cdot \xi} \right]^2 + 1} + 1}{2} \right]^{\frac{\kappa}{\kappa - 1}} \tag{4.9}$$

Abhängig von der aktuellen Position des ND-AGR-Ventils wird über die Drossel-Kennlinie der Parameter ξ_{Ventil} interpoliert. Über Formel 4.10 ergibt sich der Druck $p_{5,Soll}$ wie folgt:

$$p_{5,Soll} = p_{5'} \left[\frac{\sqrt{\frac{2R \cdot (\kappa - 1)}{\kappa} \cdot \left[\frac{\dot{m}_{NDAGR}}{p_{5'} \cdot \Gamma} \right]^2 + 1} + 1}{2} \right]^{\frac{\kappa}{\kappa - 1}} \tag{4.10}$$

Der Druck $p_{5,Soll}$ wird zur Berechnung des Drosselbeiwerts der Abgasgegendruckklappe nach Gleichung 4.11 benötigt. Die Zuordnung des Drosselbeiwerts zur Position des Aktuators findet über die zugehörige Kennlinie statt.

$$\xi_{AGD} = \frac{\dot{m}_{AGD}}{\frac{p_{5,SOLL}}{\sqrt{R \cdot T_5}} \cdot \left(\frac{p_6}{p_{5,Soll}} \right)^{\frac{1}{\kappa}} \cdot \sqrt{\frac{2\kappa}{\kappa - 1} \cdot \left[1 - \left(\frac{p_6}{p_{5,Soll}} \right)^{\frac{\kappa - 1}{\kappa}} \right]}} \tag{4.11}$$

Zur Bestimmung des notwendigen Drosselkoeffizienten der Abgasgegendruckklappe wird der Massenstrom $\dot{m}_{AGD}$ benötigt. Aufgrund der Systemträgheit stellt die Lageregeleinheit der Gegendruckdrossel erst verzögert die gewünschte Position ein.

Zur Bestimmung des Massenstroms nach Gleichung 4.12 wird die durch die Lagerückmeldung bekannte Stellung des Aktuators verwendet. Die Änderungsrate des Abgasmassenstroms innerhalb eines Rechenintervalls wird vernachlässigt. Unter Berücksichtigung des Druckgefälles erfolgt die Berechnung des Massenstroms $\dot{m}_{AGD}$ nach folgendem Zusammenhang:

$$\dot{m}_{AGD} = \xi_{AGD} \cdot \frac{p_5}{\sqrt{R \cdot T_5}} \cdot \left(\frac{p_6}{p_5}\right)^{\frac{1}{\kappa}} \cdot \sqrt{\frac{2\kappa}{\kappa - 1} \cdot \left[1 - \left(\frac{p_6}{p_5}\right)^{\frac{\kappa-1}{\kappa}}\right]} \tag{4.12}$$

Abbildung 4.11 stellt das vollständige Berechnungsschema der modellbasierten Steuerung der ND-Aktorik schematisch dar.

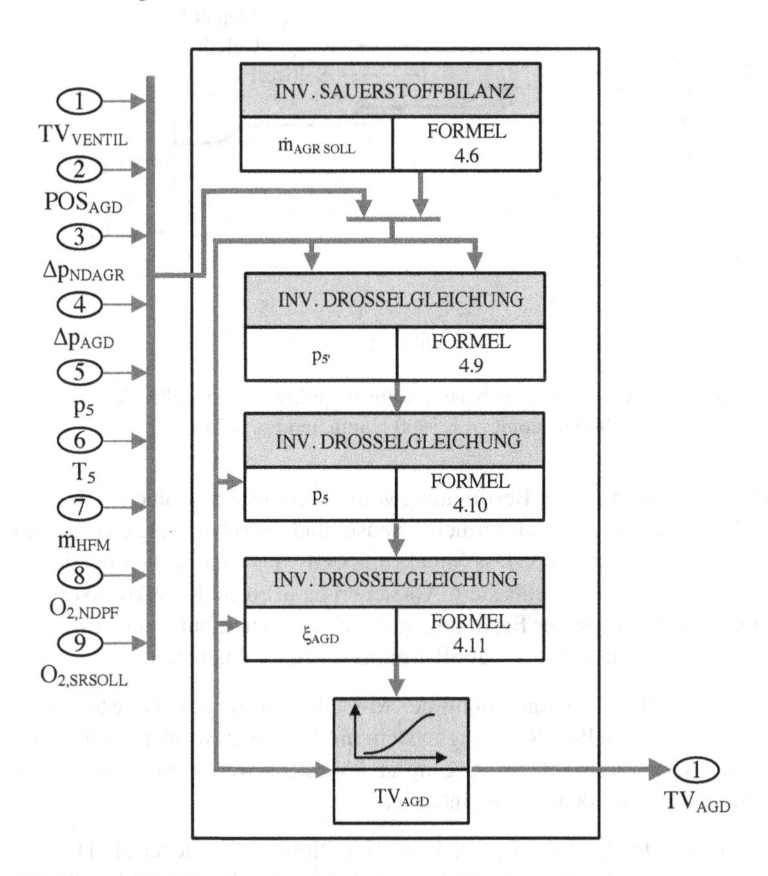

Abbildung 4.11: Berechnungsschema der modellbasierten Vorsteuerung

Zur Validierung der modellbasierten Vorsteuerung werden zunächst Sollwertsprünge in der Simulationsumgebung untersucht. Wie aus den in Abbildung

4.12 veranschaulichten Ergebnissen zu erkennen ist, wird in der MiL-Simulationsumgebung ein gutes Führungsverhalten der modellbasierten Vorsteuerung erzielt. Da in der Simulation Verschmutzungseffekte und Messungenauigkeiten der Differenzdrucksensoren nicht berücksichtigt werden, findet in der MiL-Umgebung lediglich die Validierung der modellbasierten Steuerung statt. Das Verhalten der Gesamtregelstruktur wird anschließend durch das Rapid-Prototyping Steuergerät anhand von Prüfstandsversuchen bewertet.

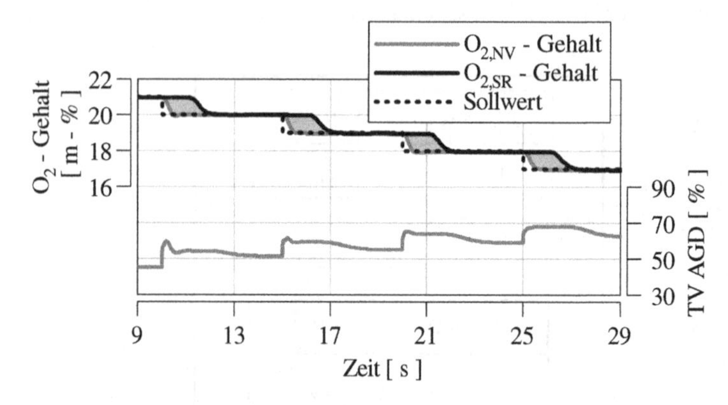

Abbildung 4.12: Simulationsergebnisse: Sollwertsprünge mit modellbasierter ND-AGR-Steuerung, n = 1000 U/min und p_{mi} = 2 bar

Die Ungenauigkeit bei der Bestimmung von Systemmassenströmen verhindert einen Einsatz des Modells als virtueller Sensor und die Umsetzung einer reinen Steuerung ohne Regelkreis. Das Streckenmodell wird daher ausschließlich in invertierter Form als modellbasierte Vorsteuerung in einem Regelkreis verwendet. Die Lambdasonde zur Bestimmung der Zusammensetzung des Frischluft-Abgas-Gemischs nach der ND-AGR-Beimischung wird benötigt.

Um eine physikalische Zuordnung der Modellfehler zu gewährleisten, wird vom bereits vorgestellten Regelungssystem mit Vorsteuerung abgewichen. Anstelle der Addition von Reglerausgang und Vorsteuerwert wird der Regler in die modellbasierte Vorsteuerung integriert.

Die Schnittstelle bildet der Drosselbeiwertmultiplikator, welcher die Drosselverluste der AGR-Strecke im Betrieb modifiziert und damit die Modellungenauigkeiten ausgleicht. Langzeitveränderungen durch Verschmutzung verursachen eine Veränderung der Drosseleigenschaften der ND-AGR-Strecke.

Die Regelung des Massenstrommultiplikators ermöglicht im Vergleich zur konventionellen Vorsteuerung eine direkte physikalische Zuordnung der Störgröße. Darüber hinaus führen die Messtoleranzen der Differenzdrucksensoren zu Modellfehlern. Speziell bei niedrigen AGR-Massenströmen entstehen geringe Differenzdrücke über der Strecke.

Mess- und Modellungenauigkeiten müssen folglich von der Regelstruktur ausgeglichen werden. Die Messergebnisse zur Funktionsvalidierung für ein Sollwertsprungprofil sind in Abbildung 4.13 dargestellt. Um geringe Druckdifferenzen über der ND-AGR-Strecke zu vermeiden, wird in diesen Fällen aus regelungstechnischen Gründen das ND-AGR-Ventil durch eine Applikationskennlinie in Abhängigkeit vom ND-AGR-Massenstrom teilweise geschlossen. Die Funktion ermöglicht eine Gewährleistung der für die Regelung entscheidende Mindestdruckdifferenz von 10 mbar.

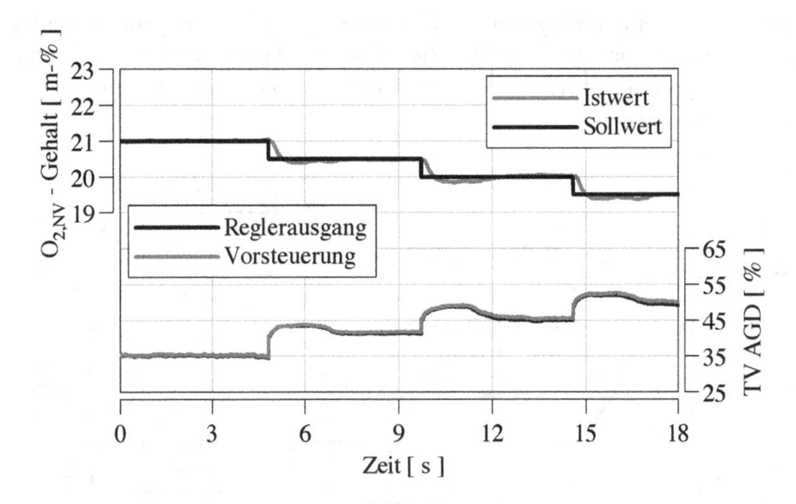

Abbildung 4.13: Prüfstandsergebnisse: Sollwertsprünge mit modellbasiertem ND-AGR-Regelungskonzept

Ein Ausgleich der durch die Lageregelung der Aktorik und dem Zustand der Sensorik verursachten Systemträgheit ist theoretisch durch die Applikation eines D-Glieds möglich. Hierzu müssten die Alterungseffekte der Lambdasonden und die damit verbundene Erhöhung der Sensorträgheiten während des Betriebs bekannt sein.

Da geringe Abweichungen zu einem aufschwingenden Verhalten des gesamten Regelungskreises führen und die Trägheit der niederdruckseitigen Abgasrückführung viel stärker durch das Ladeluftkühlervolumen als durch das Verzögerungsverhalten des O_{2NV}-Regelkreises beeinflusst wird, entfällt aus Betriebssicherheitsgründen die Applikation des D-Glieds. Abbildung 4.14 zeigt die Messergebnisse des modellbasierten ND-AGR-Regelungskonzepts während der ersten Phase des NEFZ Stadtprofils.

Zur Analyse des Gesamtsystems wird im Vorfeld die bisher vorgestellte Luftpfadregelung mit teilhomogener Verbrennung in der Simulation untersucht. Eine Sprungfunktion wird für die Lastanforderung bei konstanter Motordrehzahl vorgegeben. Neben der begrenzten Möglichkeit des ND-AGR-Systems dem Sollwert zu folgen, verursacht das Totzeitverhalten der Ansaugstrecke eine verstärkte Regelabweichung des Sauerstoffgehalts im Saugrohr. Ohne Verbrennungsregelung und ohne HD-AGR ist die Entstehung sehr hoher Brennraumdruckgradienten aufgrund des Sauerstoffüberschusses die Folge.

Verbrennungsseitig ermöglicht die Verschiebung des Brennbeginns in die Expansionsphase eine Reduktion der Brennraumdruckgradienten. Ein schlechterer Wirkungsgrad und erhöhte HC- und CO-Emissionen sind der damit verbundene nachteilige Effekt.

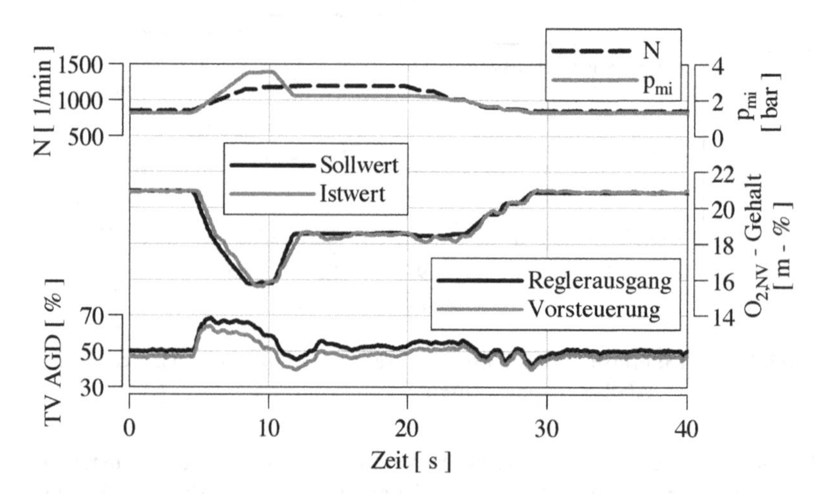

Abbildung 4.14: Prüfstandsergebnisse: 1.Phase des NEFZ Stadtprofils mit modellbasiertem ND-AGR-Regelungskonzept

Die Ergebnisse der Simulationen verdeutlichen den weiteren Optimierungsbedarf der Luftpfadregelung und die Notwendigkeit einer geeigneten Verbrennungsregelung zum Ausgleich der vorhandenen Totzeit und Trägheit des Systems. Die Möglichkeit, über die HD-AGR-Strecke das verzögerte Verhalten der niederdruckseitigen Abgasrückführung auszugleichen, bietet das Potential zur Verbesserung des Funktionsrahmens. Unvermeidbare Sollwertabweichungen des Luftpfadregelungssystems werden durch die Druckgradientenregelung ausgeglichen.

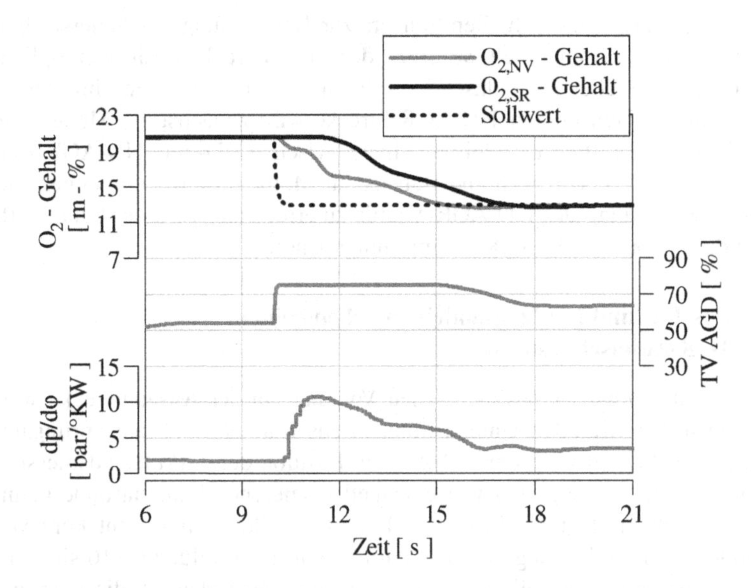

Abbildung 4.15: Simulationsergebnisse: Lastsprung 1000 U/min von p_{mi} = 1 bar - p_{mi} = 3.5 bar

4.2 Die Regelung der hochdruckseitigen Abgasrückführung

Um bei sich ändernden Betriebsbedingungen ein verbessertes Führungsverhalten des Sauerstoffgehalts im Saugrohr erreichen zu können, wird zum Ausgleich der Systemtotzeit und Trägheit des ND-AGR-Pfads die hochdruckseitige Abgasrückführung verwendet. Im Hinblick auf eine Ladedruckregelung erhöht die Interaktion von HD-AGR-Pfad und Turboladerbetriebspunkt die Anforderungen an das Regelungskonzept. Zur Umsetzung des geforderten Regelverhaltens unter Verwendung beider AGR-Strecken ist theoretisch ein zweiter Sauerstoffregelkreis für die HD-AGR-Strecke mit einer weiteren Lambdasonde in der Ansaugstrecke notwendig. Im Vergleich zur Sensorpositionierung direkt nach dem Verdichter ist eine Platzierung der Lambdasonde im Saugrohr deutlich kritischer. Die kälteren Umgebungsbedingungen führen zu einem betriebspunktabhängigen Einsatz des Sensors außerhalb des empfohlenen Spezifizierungsbereichs. Darüber hinaus wird die Lambdasonde im Saugrohr durch den Einsatz der HD-AGR mit Ruß- und HC- haltigem Abgas beaufschlagt. Der damit einhergehende Alterungseffekt wird bereits in [86] nachgewiesen. Eine zweite Lambdasonde im Saugrohr ist daher zu vermeiden.

Die Entwicklung eines virtuellen Sensors zur Bestimmung des Sauerstoffgehalts im Einlasskrümmer steht aufgrund der eingeschränkten Einsatzmöglichkeit einer zusätzlichen Lambdasonde im Fokus dieser Arbeit. Zur Umsetzung eines virtuellen Sensors der HD-AGR-Strecke wird zunächst ein Modell zur Abbildung des Tot- und Laufzeitverhaltens zwischen HD- und ND-AGR-Beimischung benötigt. Um während transienten Motorbetriebsbedingungen die notwendige Stellung des HD-AGR-Ventils zu errechnen, wird der Sauerstoffgehalt direkt vor der HD-AGR-Beimischung benötigt.

4.2.1 Das Tot- und Laufzeitmodell zwischen beiden AGR-Zumischpositionen

Zur Verdeutlichung der physikalischen Vorgänge in der Ansaugstrecke werden, neben den virtuellen Untersuchungen aus Kapitel 4.1.2, die Sprungantworten unter Veränderung der ND-Aktorik-Position durch Prüfstandsmessungen analysiert. Die vergleichsweise schnell reagierende Lambdasonde befindet sich direkt nach dem Verdichter. Die zweite Sonde bestimmt kurz vor der HD-AGR-Beimischung den Sauerstoffgehalt. In Abbildung 4.16 sind die Sprungantworten dargestellt. Da für den späteren Motorbetrieb die Lambdasonde vor der HD-AGR-Beimischung für die Luftpfadregelung nicht zur Verfügung steht, wird ein weiterer virtueller Sensor für das Regelkonzept benötigt. Neben der Berechnung der Totzeit ist die Abbildung des Verzögerungsverhaltens für das Regelungssystem von wesentlicher Bedeutung. Zur Modellierung der Totzeit wird die Strecke zwischen beiden AGR-Zumischstellen vereinfacht in zwei Subsysteme unterteilt. Die Grenze beider Bereiche bildet die Zustandsänderung im Ladeluftkühler. Die Modellierung der Totzeit eines Subsystems erfolgt durch die Kombination der Bewegungsgleichung [25] und der thermischen Zustandsgleichung zu Gleichung 4.13. Der Systemmassenstrom setzt sich aus dem niederdruckseitig rückgeführten Abgas und der Frischluft zusammen. Der Luftmassenstrom wird dabei durch den Heißfilmluftmassenmesser ermittelt. Die Berechnung des ND-AGR-Massenstroms gelingt auf Basis der Sauerstoffmassenbilanz.

$$\Delta t_{Tot} = \left[\frac{V \cdot p}{\dot{m} \cdot R \cdot T} \right]_{Sys} \tag{4.13}$$

Das geometrische Volumen bestimmt hardwareseitig die Größenordnung der Totzeit. Die Druckverluste des Ladeluftkühlers werden durch eine Drosselgleichung berücksichtigt.

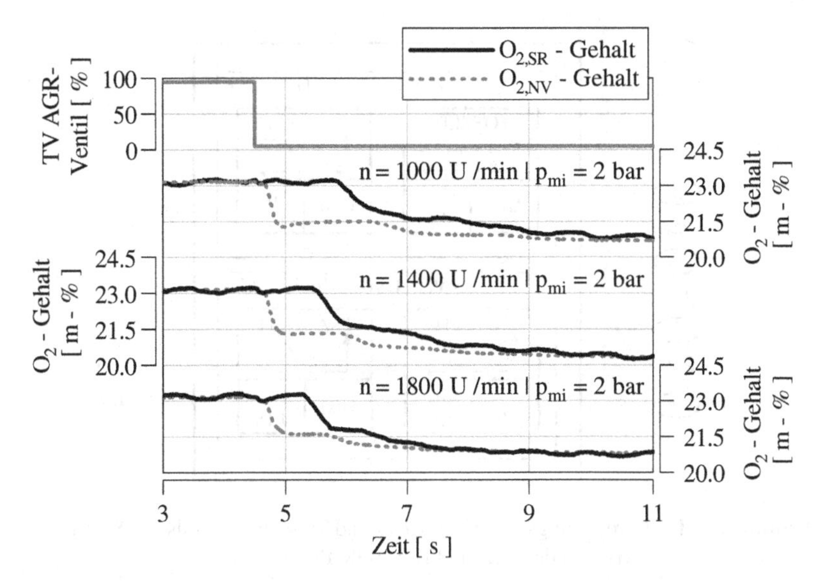

Abbildung 4.16: Tot- und Verzögerungsverhalten der Strecke zwischen HD- und ND-AGR-Beimischung für unterschiedliche Drehzahlen

Die Berechnung der Temperatur nach dem Verdichter erfolgt durch das Verdichterkennfeld des Turboladers. Beide Subsysteme werden zur Vereinfachung stationär modelliert. Die Gastemperatur am Kühlerausgang wird über einen kennfeldbasierten Ansatz durch die Gastemperatur bei Kühlereintritt und durch den Massenstrom ermittelt.

Neben der Abbildung der Totzeit ist die Berücksichtigung des Verzögerungsverhaltens der Strecke von signifikanter Bedeutung. Physikalisch wird der Effekt anhand der Vermischungsvorgänge der Sauerstoffmoleküle durch Turbulenzen im Streckenverlauf erklärt. Die Annahme der Stromfadentheorie gilt für die Sauerstoffkonzentration nicht. Über die Definition zweier virtueller Behältervolumina wird ein physikalisch basiertes Verzögerungsglied 2. Ordnung für die Strecke formuliert. In Abbildung 4.17 ist der Funktionsrahmen schematisch illustriert. Basierend auf dem Sauerstoffgehalt nach dem Verdichter wird über den vorgestellten Ansatz der Sauerstoffgehalt vor der HD-AGR-Beimischung bestimmt. Luftmasse, ND-AGR-Massenstrom, Ladedruck und

Sauerstoffgehalt nach dem Verdichter sind sensorbasierte Modelleingangsgrößen. Der Druck und die Temperatur nach dem Verdichter werden modellbasiert ermittelt.

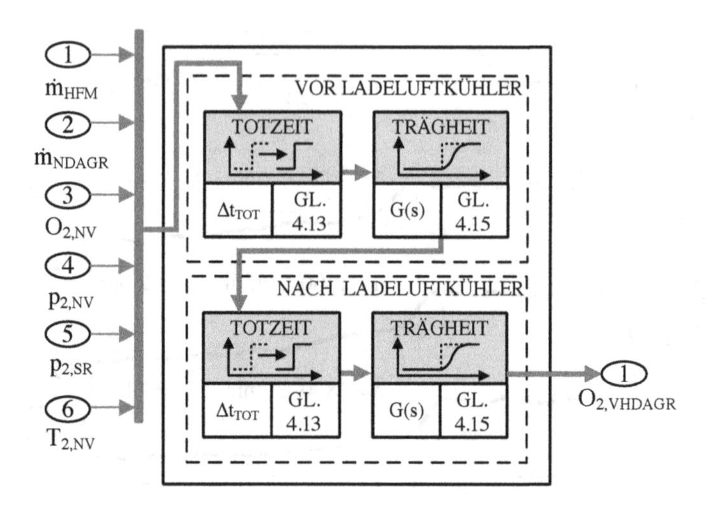

Abbildung 4.17: Berechnungsschema des Tot- und Trägheitsmodells der Strecke zwischen der ND- und HD-AGR-Beimischung

Für jedes Subvolumen wird von einem idealen Vermischungsvorgang ausgegangen. Aus der Sauerstoffmassenbilanz ergibt sich eine Differentialgleichung 1. Ordnung:

$$\frac{d}{dt}\left[O_{2,Sys} \cdot M_{Sys}\right] = \dot{m}_1 \cdot O_{2,1} - \dot{m}_2 \cdot O_{2,2} \tag{4.14}$$

Das definierte Volumen beschreibt keine geometrische Größe, sondern stellt eine virtuelle Variable für das Maß an turbulenzbezogener Vermischung dar. Unter der Annahme eines stationären Strömungszustands wird eine Änderungsrate der Systemmasse vernachlässigt.

Druck und Temperatur des Systems werden innerhalb des Zeitschritts als Konstanten definiert. Für das betrachtete Subsystem wird Gleichung 4.14 wie folgt vereinfacht:

$$\frac{d}{dt}O_{2,2} + \frac{\dot{m}_{Sys}}{\rho_{Sys} \cdot V_{Misch}} \cdot O_{2,2} = \frac{\dot{m}_{Sys}}{\rho_{Sys} \cdot V_{Misch}} \cdot O_{2,1} \tag{4.15}$$

Die Vorgabe eines konstanten Werts für das Vermischungsvolumen zur Beschreibung der physikalischen Effekte ist dabei ausreichend. Zur Validierung des entwickelten Modellansatzes werden die bereits vorgestellten Sprungantworten für unterschiedliche Drehzahlen verwendet. Abbildung 4.18 zeigt die Mess- und Modellergebnisse.

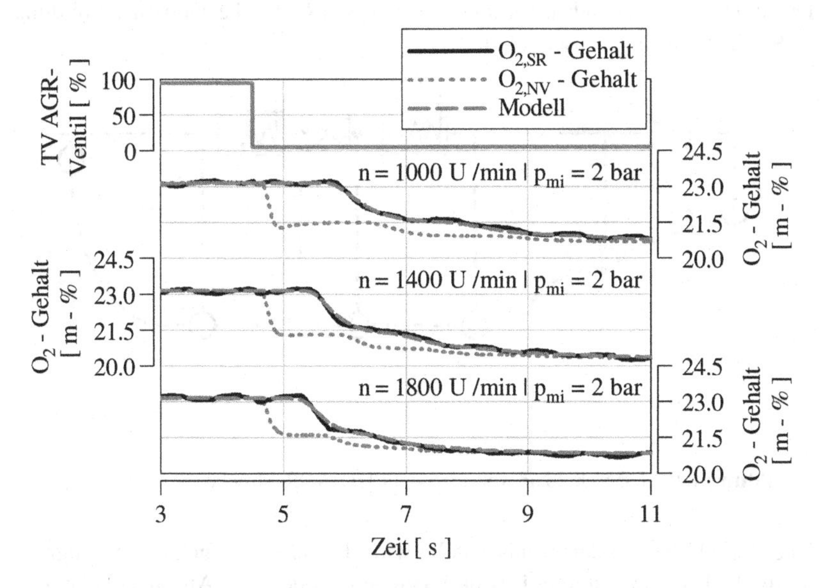

Abbildung 4.18: Prüfstandsergebnisse: Modellvalidierung des Totzeit- und Verzögerungsmodells der Strecke zwischen HD- und ND-AGR-Beimischung

Die hohe Abbildungsgüte des Sauerstoffgehalts vor der HD-AGR-Beimischung ermöglicht den Einsatz des Modells als virtuellen Sensor im Funktionsrahmen und dient als wichtige Eingangsgröße des HD-AGR-Streckenmodells.

4.2.2 Das HD-AGR-Streckenmodell

Aufgrund der Probleme, die durch eine Positionierung der Lambdasonde im Saugrohr verursacht werden, ist die Umsetzung eines Regelkreises des Sauerstoffgehalts für die HD-AGR-Strecke nicht sinnvoll. Vielmehr wird durch die Einführung eines präzisen Streckenmodells für den HD-AGR-Pfad eine modellbasierte Lösung angestrebt.

Analog zu den bereits vorgestellten Modellen der ND-AGR-Strecke wird zur Abbildung des HD-AGR-Pfades wiederum ein invertierbarer Ansatz benötigt. Der Funktionsrahmen des virtuellen Sensors errechnet zunächst den hochdruckseitig rückgeführten Abgasmassenstrom. Zur Berücksichtigung der Druckverluste des AGR-Kühlers und des AGR-Ventils werden wiederum zwei Drosselgleichungen formuliert.

Die einzelnen Zustandsänderungen in der AGR-Strecke sind in Abbildung 4.19 schematisch veranschaulicht.

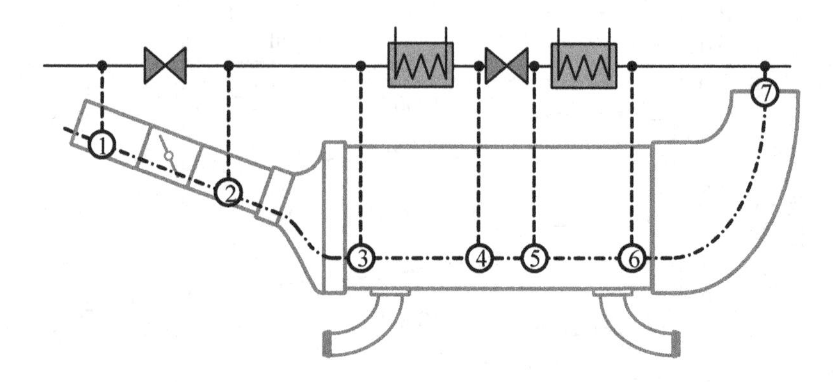

Abbildung 4.19: Γ-Modell zur Abbildung der HD-AGR-Strecke

Über die O_2-Bilanz der Zumischstelle wird der Sauerstoffgehalt im Saugrohr ermittelt. Das vorgestellte Tot- und Trägheitsmodell der Ansaugstrecke zwischen beiden Zumischstellen ist zur Bestimmung des Sauerstoffgehalts vor der HD-AGR-Beimischung $O_{2,\mathrm{VHDAGR}}$ notwendig.

Aus der Sauerstoffmassenbilanz an der HD-AGR Beimischposition ergibt sich für den Sauerstoffgehalt im Einlasskrümmer folgende Gleichung:

$$O_{2,SR} = \frac{\dot{m}_{vHDAGR} \cdot O_{2,vHDAGR} + \dot{m}_{HDAGR} \cdot O_{2,VDPF}}{\dot{m}_{vHDAGR} + \dot{m}_{HDAGR}} \tag{4.16}$$

Die Bestimmung des Massenstroms $\dot{m}_{\mathrm{vHDAGR}}$ vollzieht sich über das in Kapitel 4.3 vorgestellte Massenstrommodell. Bei stationären Betriebsbedingungen setzt sich der Massenstrom $\dot{m}_{\mathrm{vHDAGR}}$ aus dem ND-AGR- und dem Frischluftmassenstrom zusammen.

Bei zeitlich veränderlichem Ladedruck gilt der stationäre Zusammenhang nicht. Eine Korrektur des Massenstroms ist notwendig. Der HD-AGR-Massenstrom $\dot{m}_{\mathrm{HDAGR}}$ wird durch den Γ-Modell-Ansatz berechnet.

Zur Modellierung der Strecke werden insgesamt 6 Zustandsänderungen angenommen.

1 - 2 adiabat und reibungsfrei
2 - 3 adiabate Drosselung
3 - 4 adiabat und reibungsfrei
4 - 5 isobarer Wärmeübergang
5 - 6 adiabate Drosselung
6 - 7 isobarer Wärmeübergang

Abbildung 4.20 zeigt das Γ-Kennfeld zur Bestimmung der spezifischen Kühlereigenschaften und die Kennlinie des Drosselbeiwerts vom HD-AGR-Ventil.

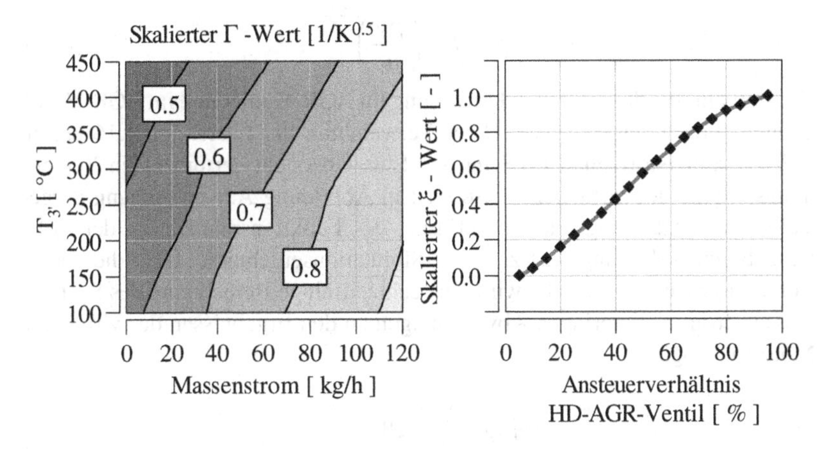

Abbildung 4.20: Γ-Kennfeld des HD-AGR-Kühlers (links) und Drosselkennlinie des ND-AGR-Ventils (rechts)

Beide Kennwerte sind zur Beschreibung der adiabaten Drosselvorgänge notwendig. Die Berechnung des Systemmassenstroms erfordert das Gleichsetzen der Drosselgleichungen des HD-AGR-Ventils und des AGR-Kühlers. Durch numerisches Lösen der Gleichung 4.17 ergibt sich der Druck $p_{3'}$ zwischen dem AGR-Kühler und Ventil. Die Berechnung der Abgastemperatur T_3 erfolgt durch den in Kapitel 4.3 vorgestellten Ansatz. Über die Kennlinie aus Abbildung 4.20 wird der Drosselbeiwert ξ des HD-AGR-Ventils aus dem Ansteuerverhältnis bestimmt. Eine Iterationsschleife zur Berücksichtigung der Abhängigkeit des Parameters Γ vom Massenstrom ermöglicht eine genauere Berechnung des Massenstroms innerhalb eines Steuergerätzeitschritts. Die numerische Lösung der Gleichung 4.17 für den Druck $p_{3'}$ wird in einem mehrdimensionalen Kennfeld abgelegt. Durch die Drosselgleichung des HD-AGR-Kühlers wird der Systemmassenstrom errechnet.

$$\begin{aligned} \Gamma \cdot \frac{p_{3'}}{\sqrt{R}} \cdot \left(\frac{p_{2SR}}{p_{3'}}\right)^{\frac{1}{\kappa}} \cdot \sqrt{\frac{2\kappa}{\kappa-1} \cdot \left[1-\left(\frac{p_{2SR}}{p_{3'}}\right)^{\frac{\kappa-1}{\kappa}}\right]} = \\ \xi_{Ventil} \cdot \frac{p_3}{\sqrt{R \cdot T_{3'}}} \cdot \left(\frac{p_{3'}}{p_3}\right)^{\frac{1}{\kappa}} \cdot \sqrt{\frac{2\kappa}{\kappa-1} \cdot \left[1-\left(\frac{p_{3'}}{p_3}\right)^{\frac{\kappa-1}{\kappa}}\right]} \end{aligned} \tag{4.17}$$

Die zur Bestimmung des Parameters Γ notwendige Temperatur $T_{3'}$ wird durch die Gleichung 4.18 errechnet. Eine adiabate Zustandsänderung wird zur Temperaturberechnung angenommen:

$$T_{3'} = T_3 \cdot \left(\frac{p_{3'}}{p_3}\right)^{\frac{\kappa-1}{\kappa}} \tag{4.18}$$

Die Berechnung der adiabaten Drosselung im AGR-Kühler und im AGR-Ventil gelingt durch Gleichung 4.4. Unter Verwendung der Gleichung 4.16 ergibt sich der Sauerstoffgehalt im Saugrohr. Eine Übersicht der einzelnen Berechnungsschritte des virtuellen Sensors ist in Abbildung A.5 im Anhang dargestellt. Zunächst erfolgt die Überprüfung des Funktionsrahmens in der MiL-Umgebung. Abbildung 4.21 zeigt die Simulationsergebnisse. Über die vorgestellten Berechnungsschritte wird eine echtzeitfähige Berechnung des Systemmassenstroms mit geringen Abweichungen zu den Ergebnissen des virtuellen Motors ermöglicht.

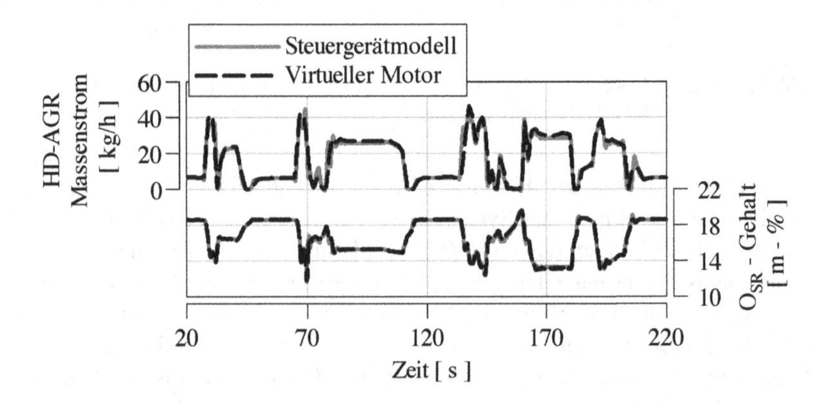

Abbildung 4.21: Simulationsergebnisse: Virtueller Sensor zur Bestimmung des Sauerstoffgehalts im Saugrohr

Abbildung 4.22 zeigt die Ergebnisse der stationären Modellvalidierung. Zur Ermittlung der Referenzgröße wird das Signal einer neuen Lamdasonde im Saugrohr verwendet. Die für den virtuellen Sensor notwendige Bestimmung des abgasseitigen Sauerstoffgehalts erfolgt ebenfalls über eine neue Lambdasonde. Die stationäre Validierung des Steuergerätmodells anhand von Prüfstandsmessdaten findet für Betriebspunkte ohne niederdruckseitigen Abgasrückführmassenstrom statt.

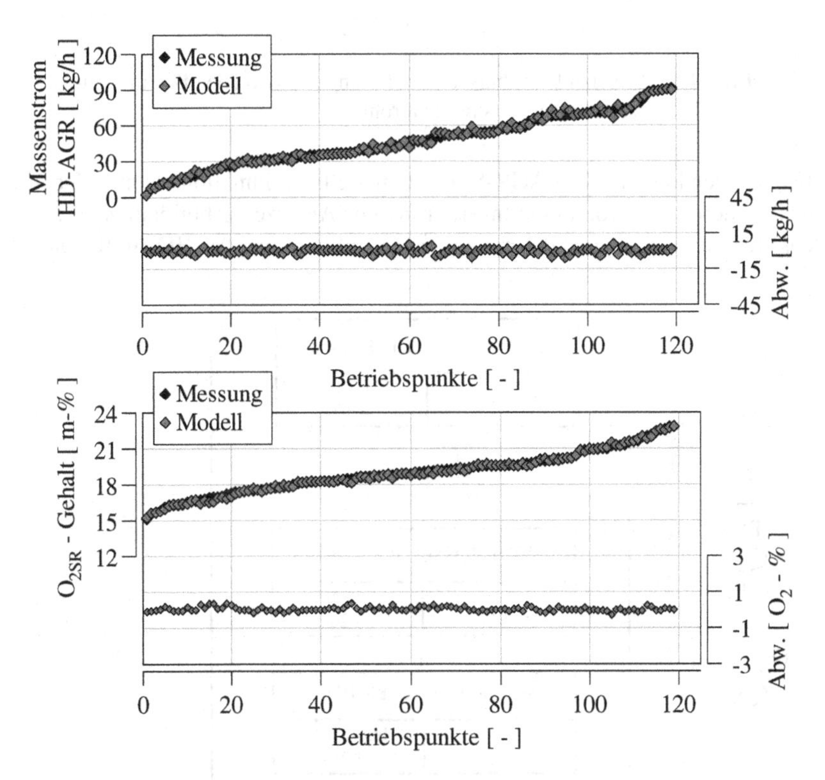

Abbildung 4.22: Γ-Modell: Validierung des Systemmassenstroms (oben) und des Sauerstoffgehalts im Saugrohr (unten)

Prüfstandsseitig wird der HD-AGR-Massenstrom über den Frischluftmassenstrom und die mittels Abgasmessanlage bestimmte AGR-Rate errechnet. Der Sauerstoffgehalt im Saugrohr ergibt sich über die Sauerstoffmassenbilanz der HD-AGR-Beimischung. Die Validierungsergebnisse des virtuellen Sensors anhand eines Ausschnitts des NEFZ-Profils sind in Abbildung 4.23 dargestellt.

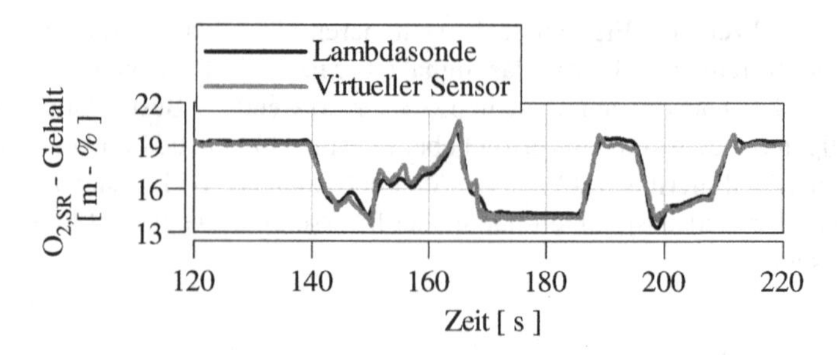

Abbildung 4.23: Prüfstandsergebnisse: Validierung der virtuellen Bestimmung des Sauerstoffgehalts im Saugrohr

Die Verwendung des HD-AGR-Streckenmodells im Funktionsrahmen der Aktoriksteuerung erfordert eine Invertierung des Ansatzes. Abbildung 4.24 zeigt das Berechnungsschema der modellbasierten Steuerung des HD-AGR-Ventils.

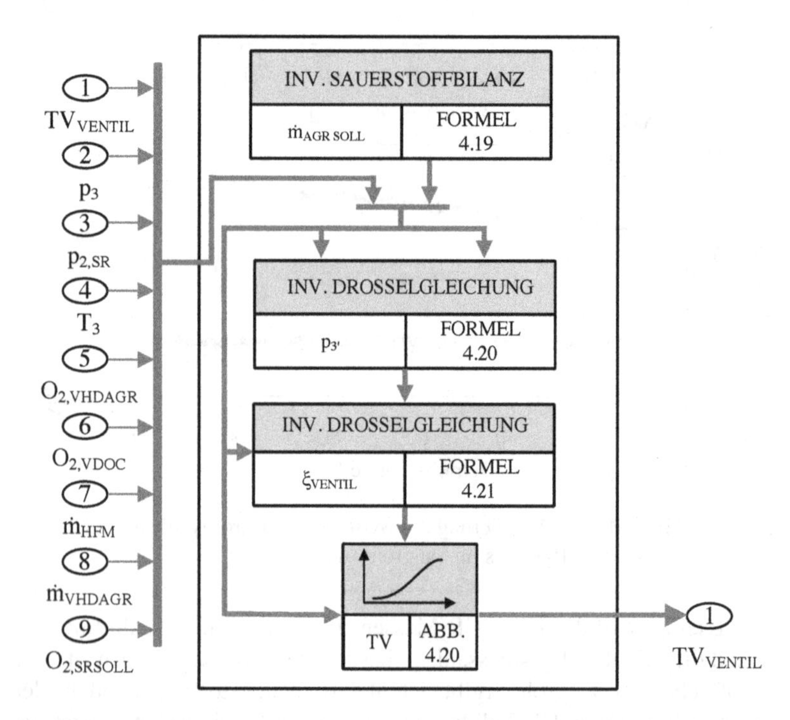

Abbildung 4.24: Berechnungsschema der modellbasierten HD-AGR-Steuerung

Durch das Umstellen der Gleichung 4.16 wird der Sollwert des HD-AGR-Massenstroms nach Gleichung 4.19 ermittelt:

$$\dot{m}_{HDAGR,Soll} = \frac{(\dot{m}_{FL} + \dot{m}_{NDAGR}) \cdot (O_{2,vHDAGR} - O_{2,SR,Soll})}{O_{2,SR,Soll} - O_{2,VDPF}} \tag{4.19}$$

In einem nächsten Berechnungsschritt wird die Bestimmung des Drucks $p_{3'}$ nach Gleichung 4.20 vollzogen:

$$p_{3'} = p_{2,SR} \left[\frac{\sqrt{\frac{2R\cdot(\kappa-1)}{\kappa} \cdot \left[\frac{\dot{m}_{HDAGR}}{p_{2,SR}\cdot\Gamma}\right]^2 + 1} + 1}{2} \right]^{\frac{\kappa}{\kappa-1}} \tag{4.20}$$

Der Zusammenhang zwischen Kühlereintrittstemperatur und AGR-Ventilposition erfordert für die Berechnung des Parameters Γ die Umsetzung einer übergeordneten Iterationsschleife. Insgesamt werden für den Funktionsrahmen der Vorsteuerung fünf fest definierte Iterationsschleifen verwendet.

Als Initialwert der Iterationsschleife des aktuellen Steuergerätzeitschritts wird der berechnete Wert des vorherigen Rechenschritts genutzt. Über das vorgestellte Rechenprinzip wird für jeden Betriebszustand eine Konvergenz der Iteration gewährleistet. Der Parameter ξ wird über die Gleichung 4.21 bestimmt.

$$\xi_{Ventil,Soll} = \frac{\dot{m}_{HDAGR,Soll}}{\frac{p_3}{\sqrt{R\cdot T_3}} \cdot \left(\frac{p_{3'}}{p_3}\right)^{\frac{1}{\kappa}} \cdot \sqrt{\frac{2\kappa}{\kappa-1} \cdot \left[1 - \left(\frac{p_{3'}}{p_3}\right)^{\frac{\kappa-1}{\kappa}}\right]}} \tag{4.21}$$

Die Zuordnung des Drosselbeiwerts zum Ansteuerverhältnis erfolgt über die Drossel-Kennlinie des HD-AGR-Ventils. Zur Untersuchung des Potentials der Hybrid-AGR werden zunächst im Rahmen der Simulationsumgebung die Unterschiede beider AGR-Konzepte mit teilhomogener Verbrennung untersucht.

Diesbezüglich wird in Abbildung 4.25 das Verbesserungspotential der Luftpfadregelung für den bereits vorgestellten Lastsprung dargestellt. Die Turbinenleitschaufelposition wird für die Untersuchung fest vorgegeben. Über die Kombination des HD-AGR-Streckenmodells und des Verzögerungsmodells der Ansaugstrecke wird das geforderte Regelverhalten beider Abgasrückführstrecken erreicht. Eine deutliche Verbesserung des Führungsverhaltens der Sauerstoffregelung wird durch die modellbasierte Steuerung des HD-AGR-Ventils ermöglicht.

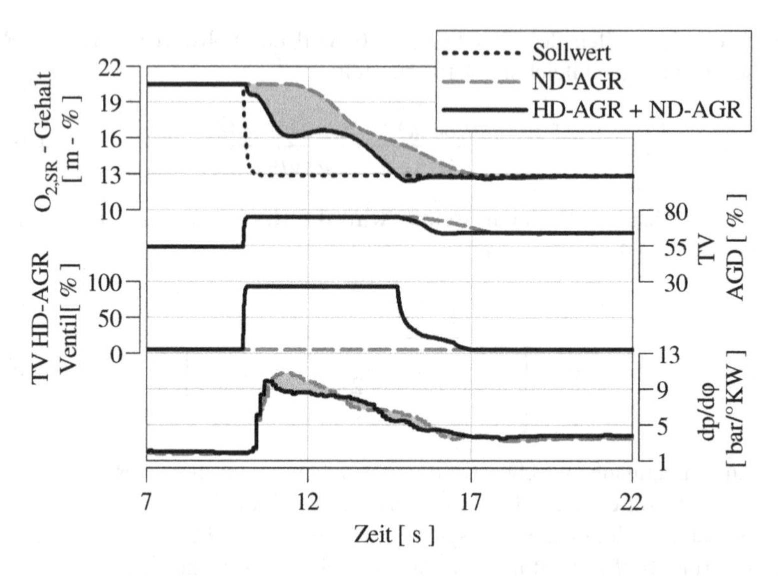

Abbildung 4.25: Simulationsergebnisse: Lastsprung mit teilhomogener Verbrennung | n = 1000 U/min von p_{mi} = 1 bar - p_{mi} = 3.5 bar | Vergleich der Regelstrategien

Die Prüfstandsversuche zur hybriden Abgasrückführung bestätigen die Ergebnisse der Model-in-the-Loop-Simulation. In Abbildung 4.26 werden die Messergebnisse eines Ausschnitts des NEFZ aufgezeigt.

Die Resultate verdeutlichen das ausgeprägte Trägheitsverhalten der niederdruckseitigen Abgasrückführung und die Bedeutung des Ausgleichs eines Restgasfehlers im Brennraum durch die HD-AGR-Strecke. Über die Steuerung der kurzen AGR-Strecke wird ein verbessertes Führungsverhalten des Sauerstoffgehalts im Brennraum durch die modellbasierte Funktionsstruktur erreicht.

Aufgrund der Systeminteraktion der hochdruckseitigen Abgasrückführung und des Turboladers wird durch eine angepasste Regelung der Turbinenleitschaufelposition eine Verbesserung des O_2-Führungsverhaltens ermöglicht. Entsprechende Untersuchungen erfolgen in Kapitel 4.3.

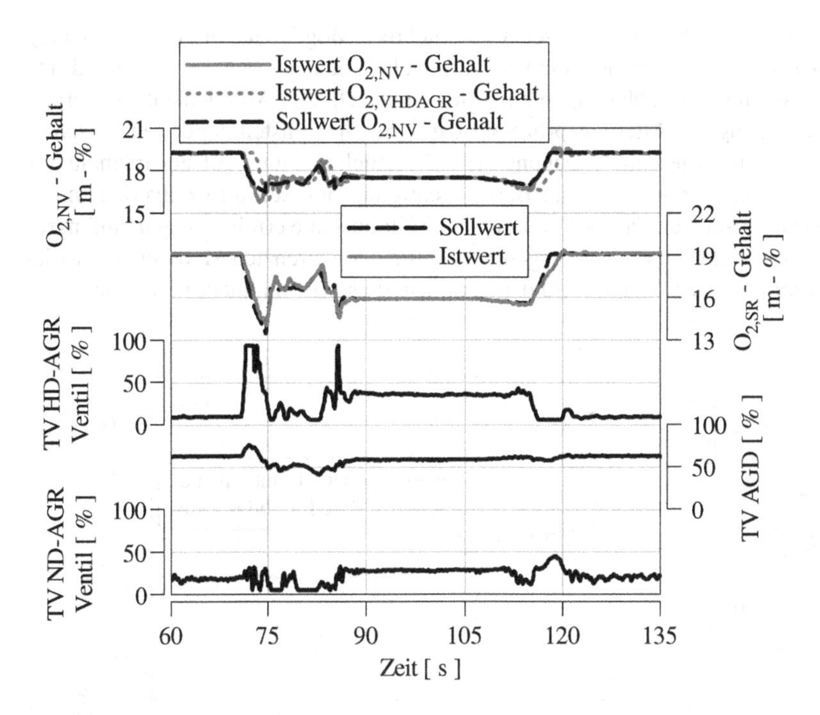

Abbildung 4.26: Messergebnisse: Validierung der modellbasierten Steuerung des HD-AGR-Ventils | Ausschnitt NEFZ Stadtprofil

4.2.3 Das Sauerstoffbilanzmodell

Das HD-AGR-Streckenmodell erfordert zur Berechnung der relevanten Steuergerätgrößen die Bestimmung des Sauerstoffgehalts im Abgas. Zunächst erfolgt dessen Ermittlung durch die vor der Abgasnachbehandlung angebrachten Lambdasonde. Die Beeinflussung des Sensorzustands durch Ruß- und HC-Emissionen führt im Vergleich zu den Lambdasonden nach der Abgasnachbehandlung und nach dem Verdichter zu einem deutlich schnelleren Alterungsprozess. In Abbildung 4.27 sind Messergebnisse zum Unterschied zwischen einer neuen zu einer gealterten Lambdasonde im Abgas dargestellt.

Die Verwendung des Signals der gealterten Lambdasonde führt zu Fehlern der HD-AGR-Steuerung. Um auch in transienten Betriebsphasen geringe Abweichungen des Γ- Modells der HD-AGR-Strecke gewährleisten zu können, wird der Lambdasondenalterungsprozess im Funktionsrahmen berücksichtigt.

Generell existieren an dieser Stelle mehrere Möglichkeiten zur Optimierung des Steuergerätfunktionsrahmens. Die Definition eines Verzögerungsglieds mit verschmutzungsabhängigen Zeitkonstanten stellt eine Möglichkeit zur Berücksichtigung des Alterungsprozesses dar. Über die Umstellung der empirisch ermittelten Differentialgleichung wird die Rückrechnung auf ein trägheitsfreies Signal ermöglicht. Eine Berücksichtigung des Sensortotzeitverhaltens ist nicht umsetzbar. Die Bestimmung der Zeitkonstante erfolgt anhand umfangreicher Prüfstandsuntersuchungen. Aufgrund der begrenzten Modellgüte und des Applikationsaufwands wird der Ansatz in dieser Arbeit nicht verwendet.

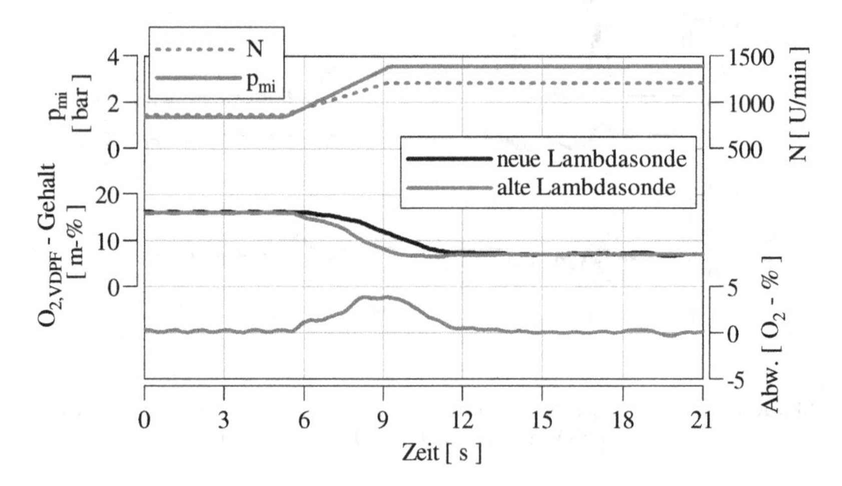

Abbildung 4.27: Prüfstandsergebnisse: Alterungseffekt der Lambdasonde vor der Abgasnachbehandlung

Die Entwicklung eines Sauerstoffbilanzmodells für den Brennraum stellt eine alternative Möglichkeit zur Bestimmung des Sauerstoffgehalts im Abgas dar. Abhängig von der Sauerstoffkonzentration der Zylinderfüllung, der eingespritzten Kraftstoffmenge und der Gesamtfüllung, wird der Sauerstoffgehalt des Abgases errechnet.

Über die Verknüpfung von Abgas- und Ansaugseite durch das HD-Γ-Modell wird der AGR-Zirkulationseffekt berücksichtigt. Die Bestimmung der Kraftstoffmasse gelingt über einen echtzeitfähigen empirischen Algorithmus. In [3] wird das verwendete Kraftstoffmassenmodell detailliert vorgestellt. In Verbindung mit einem Kennfeld für den Umsatzwirkungsgrad wird die tatsächlich umgesetzte Kraftstoffmasse errechnet.

Die Zusammensetzung λ_{Abgas} ergibt sich nach Gleichung 4.22 wie folgt [72]:

$$\lambda_{Abgas} = \frac{\dot{m}_{HFM} + \dot{m}_{UV,NDAGR} + \dot{m}_{UV,HDAGR}}{\dot{m}_B \cdot L_{ST} + \dot{m}_{V,NDAGR} + \dot{m}_{V,HDAGR}} \tag{4.22}$$

Über die Sauerstoffmassenerhaltung wird der Gesamtmassenstrom in einen verbrannten und einen unverbrannten Anteil aufgeteilt, wobei $O_{2,\text{UV}} = O_{2,\text{Umg}}$ und $O_{2,\text{V}} = 0\%$ gilt.

$$O_{2,Sys} = \frac{\dot{m}_V \cdot O_{2,V} + \dot{m}_{UV} \cdot O_{2,UV}}{\dot{m}_V + \dot{m}_{UV}} \tag{4.23}$$

Die Bestimmung der verbrannten und unverbrannten Anteile aus Gleichung 4.22 wird anhand der Sauerstoffmassenbilanz an der HD-AGR-Beimischung vollzogen. Zur Abbildung des Zirkulationseffekts wird die errechnete Abgaszusammensetzung der Sauerstoffmassenbilanz, um die Totzeit der HD-AGR-Strecke verzögert, vorgegeben. Basierend auf dem Tot- und Laufzeitmodell der Ansaugstrecke zwischen der HD- und ND-AGR-Beimischung, wird ein Modell der HD-AGR-Strecke abgeleitet. Die Bestimmung des hochdruckseitig rückgeführten Abgasmassenstroms erfolgt über das Γ-Modell. Abbildung 4.28 zeigt das Berechnungsschema des Bilanzmodells.

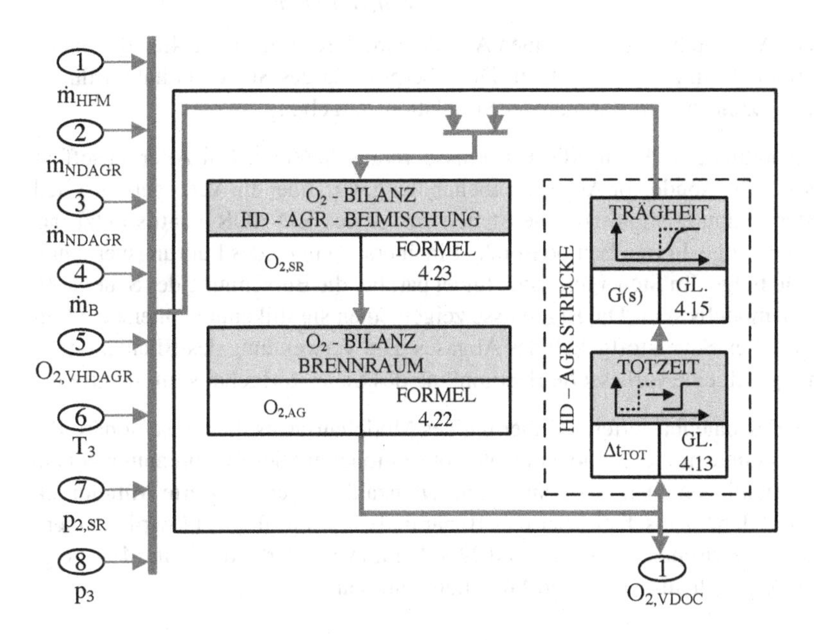

Abbildung 4.28: Berechnungsschema des Sauerstoffbilanzmodells

Die Verknüpfung von Massenerhaltungssatz und Gleichung 4.23 zu den Gleichungen 4.24 und 4.25 erlaubt die Berechnung der verbrannten und unverbrannten Anteile des HD-AGR-Massenstroms.

$$\dot{m}_{UV,HDAGR} = \frac{\dot{m}_{HDAGR} \cdot \lambda_{Abgas} \cdot L_{ST}}{1 + \lambda_{Abgas} \cdot L_{ST}} \tag{4.24}$$

$$\dot{m}_{V,HDAGR} = \frac{\dot{m}_{AGR}}{1 + \lambda_{Abgas} \cdot L_{ST}} \tag{4.25}$$

Über den Sauerstoffgehalt $O_{2,vHDAGR}$ und den Massenstrom $\dot{m}_{vHDAGR}$ ergeben sich nach den Gleichungen 4.26 und 4.27 die verbrannten und unverbrannten Anteile des ND-AGR-Frischluft-Gemischs an der hochdruckseitigen AGR-Beimischung. Der Sauerstoffgehalt $O_{2,vHDAGR}$ wird über das in Kapitel 4.2.1 vorgestellte Tot- und Laufzeitmodell der Ansaugstrecke bestimmt.

$$\dot{m}_{UV,NDAGR} = \dot{m}_{NDAGR} - \frac{(\dot{m}_{NDAGR} + \dot{m}_{FL})}{1 + \lambda_{V,HDAGR} \cdot L_{ST}} \tag{4.26}$$

$$\dot{m}_{V,NDAGR} = \frac{(\dot{m}_{NDAGR} + \dot{m}_{FL})}{1 + \lambda_{V,HDAGR} \cdot L_{ST}} \tag{4.27}$$

Unter Verwendung der einzelnen Anteile wird durch Gleichung 4.22 der Sauerstoffgehalt im Abgas errechnet. Die Überprüfung des Steuergerätalgorithmus erfolgt zunächst im Rahmen der Simulationsumgebung.

In Abbildung 4.29 sind die Ergebnisse veranschaulicht. Ein Alterungseffekt der Lambdasonde vor Abgasnachbehandlung wird über ein Verzögerungsglied erster Ordnung simuliert. Die Steuerstruktur des HD-AGR-Ventils nutzt das Signal der gealterten Lambdasonde. Ein überschwingendes Führungsverhalten ist die Folge. Im Steuergerätcode findet parallel die Berechnung des Sauerstoffbilanzmodells statt. Die Ergebnisse zeigen einen signifikanten Unterschied im ermittelten Sauerstoffgehalt des Abgases. Die Verwendung des Bilanzmodells ermöglicht eine verbesserte Bestimmung des Sauerstoffgehalts im Saugrohr.

Zur messdatenbasierten Validierung des Modellansatzes dienen stationäre Betriebspunkte mit teilhomogener und konventioneller Dieselverbrennung bei unterschiedlichen Einspritzmengen und Drehzahlen. Der indizierte Mitteldruck variiert dabei zwischen 1 bar und 10 bar und die Motordrehzahl wird in einem Intervall zwischen 850 U/min und 2200 U/min verändert. Abbildung 4.30 zeigt den Vergleich aus Mess- und Modellergebnissen.

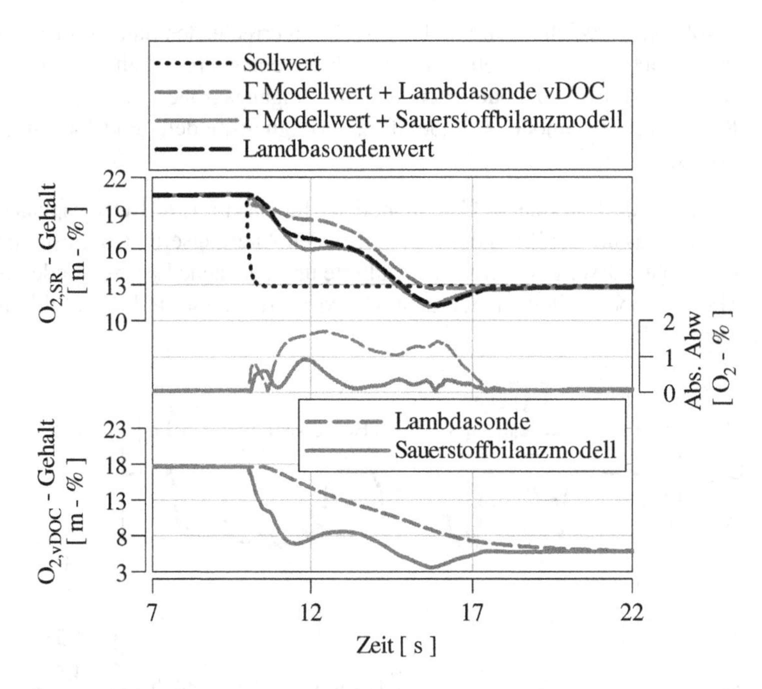

Abbildung 4.29: Simulationsergebisse: Instationäre Validierung des Sauerstoffbilanzmodells

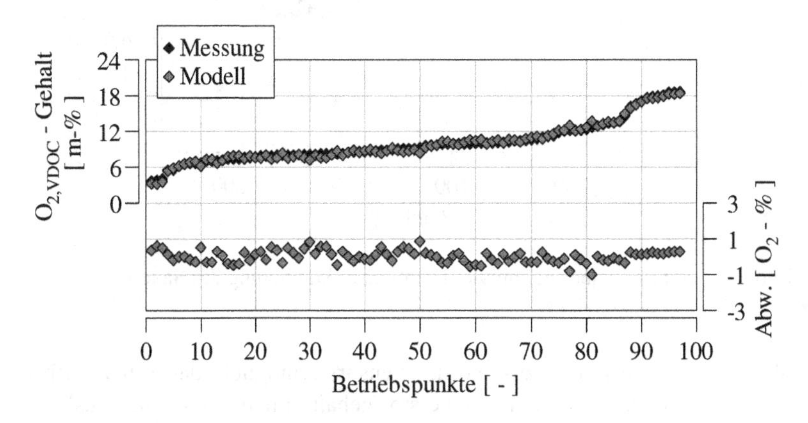

Abbildung 4.30: Prüfstandsergebnisse: Stationäre Validierung des Sauerstoffbilanzmodells

Die absoluten Abweichungen von bis zu 1 % im errechneten Sauerstoffgehalt begründen sich durch die Fehlerkette der hintereinandergeschalteten Modelle. Das Sauerstoffbilanzmodell benötigt als Eingangsgrößen die Ergebnisse des Kraftstoffmassenmodells, Ladeluftkühlerträgheitsmodells und HD-AGR-Γ-Modells.

Die Validierung des Sauerstoffbilanzmodells für instationäre Betriebsphasen erfolgt über das urbane Profil des NEFZ. Um den Alterungseffekt darzustellen, werden prüfstandsseitig jeweils eine gealterte und eine neue Lambdasonde vor der Abgasnachbehandlung angebracht. Die Messergebnisse sind in Abbildung 4.31 dargestellt.

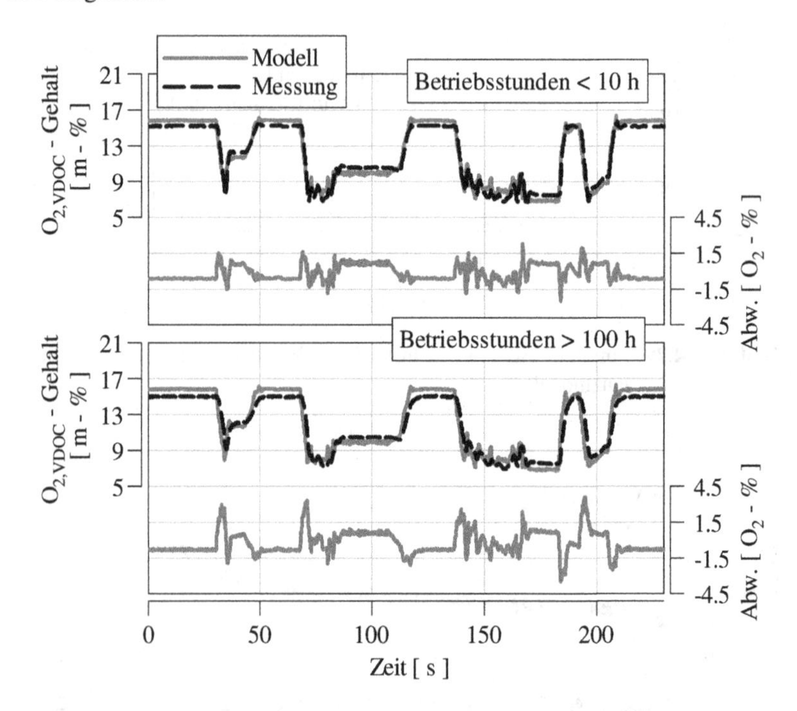

Abbildung 4.31: Prüfstandsergebnisse: Instationäre Validierung des Sauerstoffbilanzmodells

Unabhängig vom Alterungszustand des Sensors ermöglicht das Sauerstoffbilanzmodell eine Vorhersage des Sauerstoffgehalts im Einlass- und Auslasskrümmer. Mit fortschreitendem Alterungszustand steigen die Abweichung zwischen Modell und Sensorwert. Die Ungenauigkeit der modellbasierten Bestimmung des Sauerstoffgehalts im Abgaskrümmer verhindert den Einsatz als virtuellen Sensor. Daher wird durch die Verknüpfung des Lambdasondensignals und des Modellwerts ein kombinierter Lösungsansatz verwendet. In Abbildung A.6 des Anhangs ist das Berechnungsschema dargestellt.

Entsprechend der zeitlichen Änderungsrate der Motordrehzahl und der Solllast wird zwischen stationärem und transientem Motorbetrieb unterschieden. Während des instationären Motorbetriebs wird für den Sauerstoffgehalt im Abgas der Modellwert ausgegeben.

In stationären Phasen gilt der Lambdasondenwert. Die Berücksichtigung der Trägheit des Sensorsignals beim Übergang zum stationären Betriebszustand erfolgt durch die Applikation einer fest definierten Verzögerungszeit. Ein verfrühtes Anlernen wird dadurch vermieden. Das Nachschalten eines Verzögerungsglieds erster Ordnung mit einer geringen Zeitkonstanten verhindert ein sprunghaftes Funktionsverhalten.

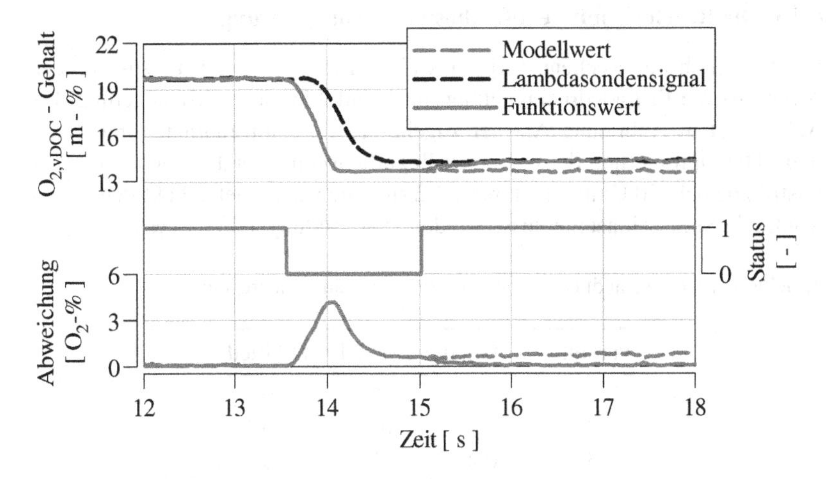

Abbildung 4.32: Prüfstandsergebnisse: Sensorwertanpassung des Sauerstoffbilanzmodells

Abbildung 4.32 zeigt die Messergebnisse des Sauerstoffbilanzmodells mit stationärer Sensorwertadaption. Die Verwendung des Modells im Funktionsrahmen des Steuergeräts ermöglicht die Verknüpfung der Vorteile von Modell- und Sensorwert.

4.3 Die Ladedruckregelung

Der Einfluss des Ladedrucks auf den Zündverzug und die zeitliche Wärmefreisetzung der teilhomogenen Verbrennung erfordert ein Regelungssystem zur Berechnung der Turbinenleitschaufelposition des Turboladers. Über einen im Saugrohr angebrachten Drucksensor wird die Regelgröße während des Motorbetriebs bestimmt. In Anlehnung an den in Kapitel 3.4 vorgestellten Funktionsentwicklungsprozess wird die Ausarbeitung des Ladedruck-Regelalgorithmus zunächst auf virtueller Ebene durch die Verwendung der Model-in-the-Loop Umgebung vollzogen. Die Berücksichtigung der Interaktion des HD-AGR- und Turboladersystems erhöht die Anforderungen an das Regelungskonzept. Die Möglichkeit mit der Turbinendrosselung bei Restgasmangel das Druckgefälle über dem HD-AGR-Pfad zu erhöhen eröffnet ein weiteres Optimierungspotential des Sauerstoffregelkreises.

4.3.1 Die Regelung mit kennfeldbasierter Vorsteuerung

Ein bezüglich des Rechenalgorithmus einfacher und schnell umzusetzender Ansatz ist die PI-Ladedruckregelung mit kennfeldbasierter Vorsteuerung. Im Anhang ist in Abbildung A.2 der zugehörige Funktionsrahmen veranschaulicht. Die Optimierung der einzelnen Regelfaktoren erfolgt zunächst für eine Lastrampe bei 850 U/min. In Tabelle 4.2 sind die verwendeten Faktoren aufgelistet. Die Simulationsergebnisse werden in Abbildung 4.33 dargestellt.

Tabelle 4.2: Unterschiedliche Parametrierung der Ladedruckregelung

Variante	P-Glied	I-Glied	D-Glied
1	0	0	0
2	0,1	0,1	0
3	0,4	1	0
4	0,7	2	0

Zur Vereinfachung der Reglerabstimmung werden in dieser Phase lediglich Betriebspunkte ohne AGR betrachtet. Da durch die kennfeldbasierte Vorsteuerung keine instationären Effekte berücksichtigt werden, ist das Führungsverhalten ohne Regler nicht ausreichend. Über eine geeignete Applikation der Regelfaktoren wird eine Optimierung des Führungsverhaltens unter Berücksichtigung transienter Effekte erreicht. Speziell für instationäre Motorbetriebsbedingungen ist die Applikation der PI-Regelungsstruktur aufwändig. Werden die Faktoren der Optimierung bei 850 U/min für eine Lastrampe bei 1600 U/min verwendet, verändern sich die Führungseigenschaften des Regelungssystems wesentlich. Die Nichtlinearität des Turboladersystems begründet das Verhalten. Eine aufwändige betriebspunktabhängige Anpassung der Regelfaktoren ist notwendig. Die Optimierung des Applikationsprozesses erfordert die Implementierung eines Turboladermodells. Auf Basis physikalischer Grundgleichungen werden die physikalischen Randbedingungen des Systems berücksichtigt. Dadurch reduziert sich der Aufwand für die Regelabstimmung der modelbasierten Lösung und die kennfeldbasierte Vorsteuerung wird ersetzt.

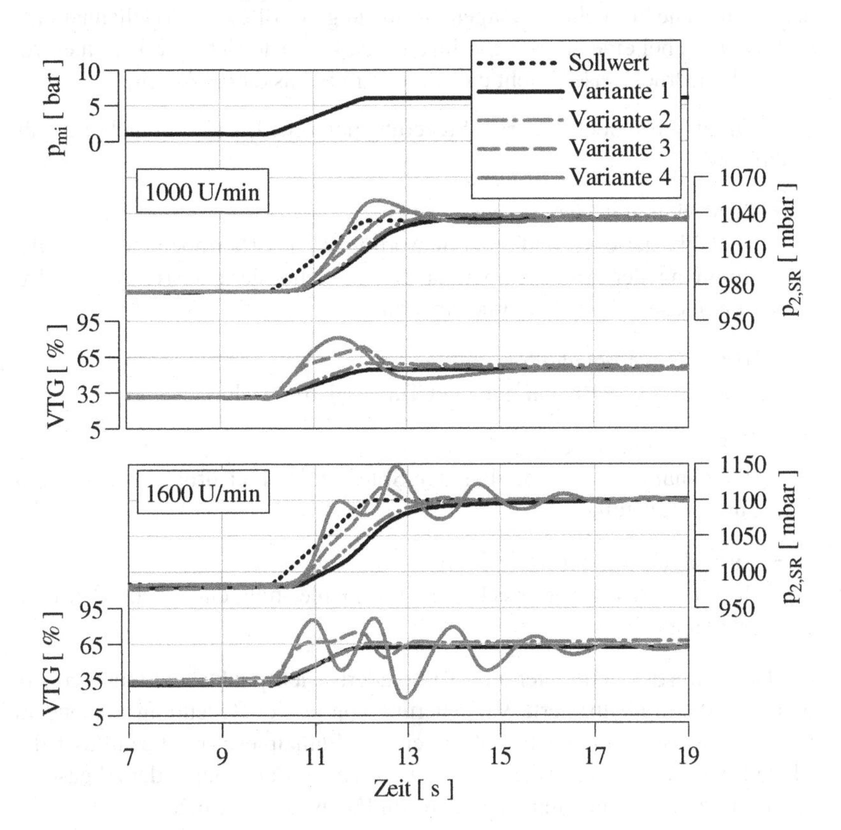

Abbildung 4.33: Simulationsergebnisse zur Ladedruckregelung mit kennfeldbasierter Vorsteuerung

4.3.2 Die modellbasierte Ladedrucksteuerung

Die Weiterentwicklung des Funktionsrahmens der Ladedruckregelung erfordert die Einführung eines echtzeitfähigen Steuergerätmodells. Die Bestimmung der Turbinenleitschaufelposition gelingt unter Berücksichtigung der physikalischen Randbedingungen und des applizierten Ladedruck-Sollwerts.

Vor dem Hintergrund der eingeschränkten Rechenkapazität des Steuergeräts und der Systemkomplexität des Turboladers wird kein invertierbares Modell hergeleitet. Die zur echtzeitfähigen Umsetzung getroffenen Modellannahmen verhindern dabei eine analytische Invertierbarkeit. Die Entwicklung eines virtuellen Ladedrucksensors steht daher nicht im Fokus dieser Arbeit.

Die Struktur zur modellbasierten Steuerung untergliedert sich in mehrere Subfunktionen:

- T_3-Modell und Massenstromkorrektur
  Modellbasierte Korrektur der Sensorträgheit des Thermoelements zur Bestimmung der Abgastemperatur und modellbasierte Korrektur des Systemmassenstroms bei Druckänderungen
- Virtueller Turboladerdrehzahlsensor
  Modellbasierte Bestimmung der Turboladerdrehzahl
- ATL-Leistungsmodell
  Berechnung der zum applizierten Sollwert des Ladedrucks zugehörigen Turbinenleistung
- Auswahlalgorithmus
  Bestimmung der zur errechneten Turbinenleistung entsprechenden Leitschaufelposition

Die Definition des Verdichter- und Turboladerbetriebspunkts im Steuergerätcode ist für die modellbasierte Vorsteuerung von großer Bedeutung. Besonders die korrekte Bestimmung des abgasseitigen Enthalpiestroms beeinflusst die Modellgüte wesentlich. Daher stehen zunächst die Berechnung der Abgastemperatur und des Turbinenmassenstroms im Fokus dieser Arbeit.

Die Bestimmung der Abgastemperatur T_3 erfolgt durch ein Thermoelement. Abhängig vom Typ des Thermoelements variiert das Sensorverhalten signifikant. Die verwendeten Sensortypen sind in der Tabelle 4.3 aufgeführt.

Tabelle 4.3: Übersicht der verwendeten Thermoelementtypen

Nr.	Typ	Klemme	Messspitze	Ausführung
1	Typ K NiCrNi	3 mm	0.85 mm	isoliert verjüngt
2	Typ K NiCrNi	1.5 mm	1.5 mm	isoliert
3	Typ K NiCrNi	3 mm	3 mm	isoliert

Abbildung 4.34 zeigt das Verhalten von unterschiedlicher Thermoelemente für ein instationäres Last- und Drehzahlprofil. Die verschiedenartigen Temperaturverläufe resultieren aus den geometrischen Unterschieden der Sensoren. Die Divergenz der Temperaturverläufe entsteht aus den geometrieabhängigen Wärmeleit- und Wärmekonvektionseigenschaften unterschiedlicher Bautypen. Die Berücksichtigung dieser physikalischen Effekte im Funktionsrahmen der Ladedruckregelung ist von zentraler Bedeutung. Die Entwicklung eines invertierbaren, echtzeitfähigen Thermoelementmodells ermöglicht eine Rückrechnung vom trägen Sensorsignal auf einen realistischen Temperaturverlauf.

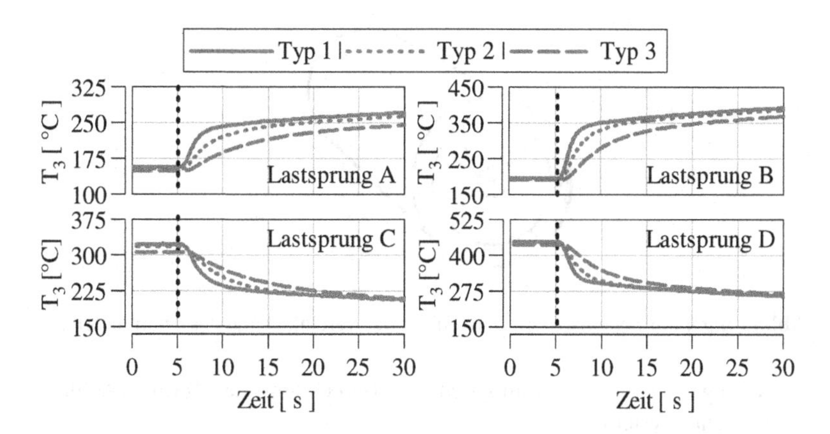

Abbildung 4.34: Prüfstandsergebnisse: Trägheitsverhalten der Thermoelemente bei unterschiedlichen Lastsprüngen:
Lastsprung A/C: $\Delta M_d/\Delta t_d = +/- 65$ Nm/s bei 1000 1/min | Lastsprung B/D: $\Delta M_d/\Delta t_d = +/- 85$ Nm/s bei 2000 1/min

Als Grundlage zur thermischen Modellierung des Sensors wird der eindimensionale Berechnungsansatz aus [5] verwendet. Eine Anpassung der Gleichung ermöglicht die Berücksichtigung von konvektiven Wärmeübertragungsmechanismen mit dem Abgas sowie der Wärmestrahl- und Wärmeleitphänomene im

Thermoelement. Die Berechnung der zeitlichen Änderung der inneren Energie erfolgt durch Gleichung 4.28:

$$\begin{aligned} M_{TE} \cdot c_{TE} \cdot \frac{dT_{3,Sensor}}{dt} =& (k \cdot A) \cdot (T_{3,Gas} - T_{3,Sensor}) \\ & + \varepsilon \cdot \sigma \cdot A \cdot (T_{Wand}^4 - T_{3,Sensor}^4) \end{aligned} \tag{4.28}$$

Der vorgestellte eindimensionale Berechnungsansatz beschreibt den Zusammenhang zwischen der vom Sensor gemessenen Temperatur $T_{3,Sensor}$ und der tatsächlichen Abgastemperatur $T_{3,Gas}$. Die Thermoelementmasse M_{TE} und die spezifische Wärmekapazität c_{TE} sind typspezifische Größen und abhängig vom verwendeten Sensor vorzugeben. Der Term kA beschreibt die Konvektionseigenschaften des Thermoelements und definiert den Wärmeübergang vom Abgas zum Sensor. Der Emissionsgrad ε, die Stefan-Boltzmann-Konstante σ und das Temperaturgefälle bestimmen die Größenordnung der Wärmestrahlung. Zur Beschreibung der Wärmekonvektion und Wärmekonduktion wird ein vereinfachter Ansatz verwendet. In Abbildung 4.35 ist das Schema des zylinderförmigen Wärmeübergangs dargestellt.

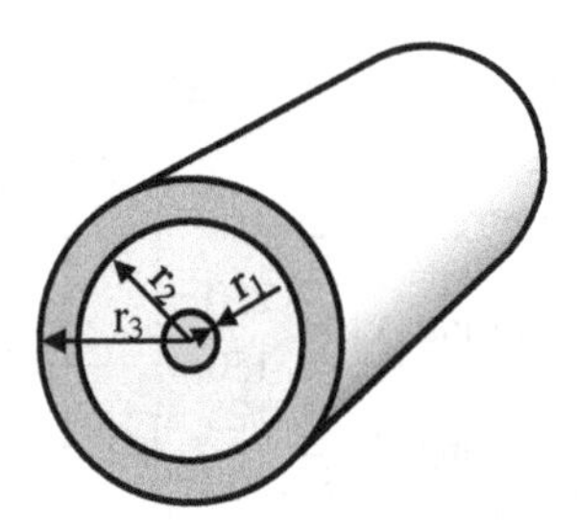

Abbildung 4.35: Schematische Darstellung der Vereinfachung des Thermoelements

Gleichung 4.29 aus [90] ermöglicht die Berechnung des Terms kA für das vereinfachte System:

$$\begin{aligned} \frac{1}{kA} =& \frac{ln\left(\frac{r_1}{r_2}\right)}{2 \cdot \pi \cdot H \cdot \lambda_1} + \frac{ln\left(\frac{r_2}{r_3}\right)}{2 \cdot \pi \cdot H \cdot \lambda_2} \\ & + \frac{1}{\lambda_{Abgas}(0.477 + 0.533 \cdot Re_d^{0,5}) \cdot Pr^{0,3} \cdot \pi \cdot H} \end{aligned} \tag{4.29}$$

Das Umformen der Gleichung 4.28 nach $T_{3,Gas}$ unter Verwendung von Gleichung 4.29 erlaubt die Korrektur der Trägheit für jeden Sensortyp. Der Modellansatz ist dabei unabhängig vom Sensortyp. Lediglich die spezifischen Eigenschaften müssen angepasst werden. Die direkte Validierung des Modells ist aufgrund des fehlenden Referenzwerts nicht möglich. Um dennoch den Ansatz zu überprüfen, werden mehrere unterschiedliche Thermoelemente am Versuchsträger angebracht und in ihrer Trägheit korrigiert. In Abbildung 4.36 sind die Messergebnisse der drei Thermoelemente für ein transientes Last- und Drehzahlprofil veranschaulicht.

Der vorgestellte Steuergerätalgorithmus ermöglicht die Bestimmung des sensorunabhängigen und realitätsnäheren Abgastemperaturverlaufs. Das invertierte Thermoelementmodell wird im Funktionsrahmen verwendet. Neben der Abgastemperaturbestimmung ist die Berechnung des Turbinenmassenstroms für die modellbasierte Ladedruckregelung notwendig.

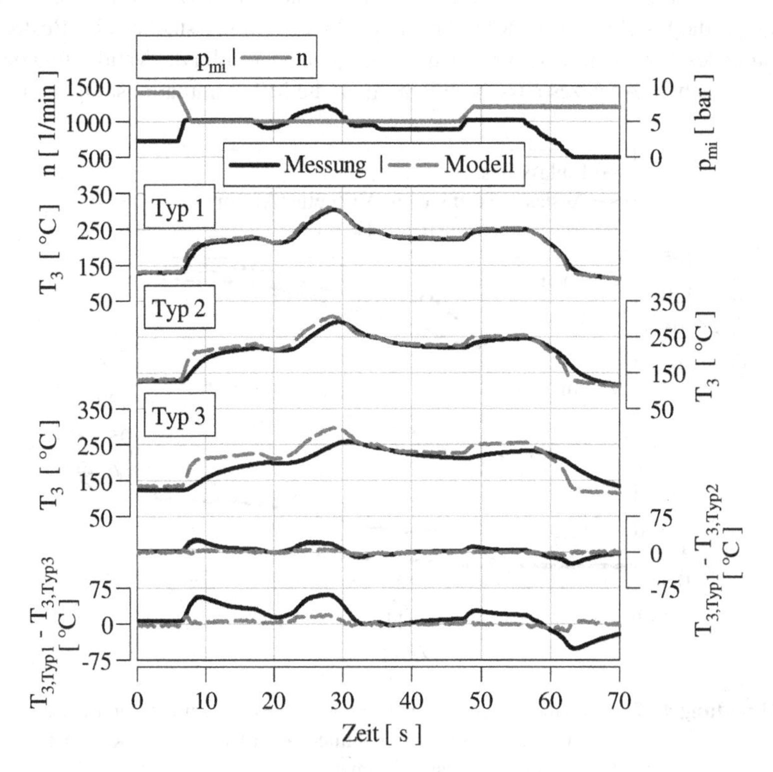

Abbildung 4.36: Prüfstandsergebnisse: Instationäre Validierung des Abgastemperaturmodells

Für stationäre Betriebspunkte setzt sich der Turbinenmassenstrom aus dem Luft-, dem ND-AGR- und dem unter Berücksichtigung des HD-AGR-Massenstroms anteiligen Kraftstoffmassenstrom zusammen. Diese Relation gilt nicht bei Druckänderungen im Strömungspfad in transienten Motorbetriebsphasen. Eine Korrektur der Massenströme ist notwendig. Unter Vorgabe des Systemvolumens, des Einlassmassenstroms und der zeitlichen Änderungsrate des relevanten Systemdrucks wird der Auslassmassenstrom nach Gleichung 4.30 errechnet. Der Ansatz basiert auf einer Kombination der thermischen Zustandsgleichung und dem Massenerhaltungssatz [41].

$$\dot{m}_2 = \dot{m}_1 - \frac{\Delta p}{\Delta t} \cdot \frac{V}{R \cdot T_1} \tag{4.30}$$

In Abbildung 4.37 sind die Simulationsergebnisse einer Last- und Drehzahlrampe dargestellt. Da im Rahmen dieser Arbeit die messtechnische Bestimmung des Turbinenmassenstroms nicht möglich ist, erfolgt die Validierung des vereinfachten Ansatzes ausschließlich durch die MiL-Simulationsumgebung.

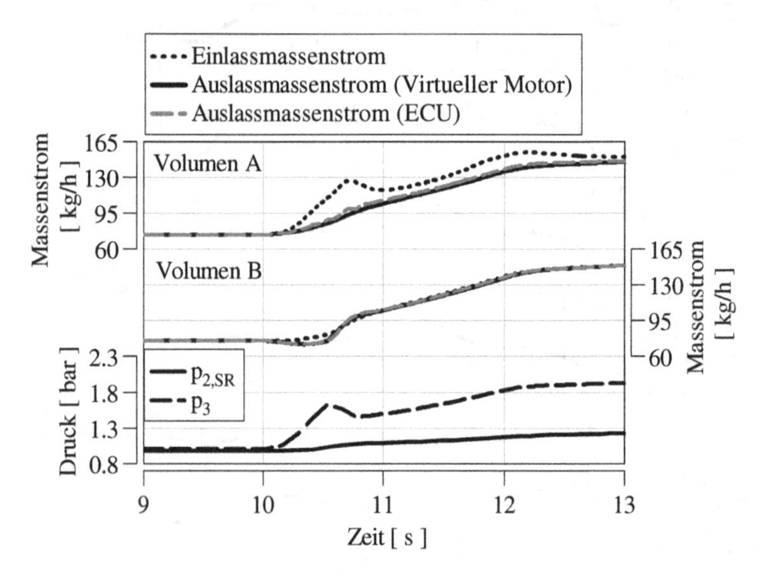

Abbildung 4.37: Simulationsergebnisse: Validierung des echtzeitfähigen Massenstromkorrekturmodells | Volumen A = LLK + Einlasskrümmer | Volumen B = Auslasskrümmer

Innerhalb von zwei Sekunden wird der indizierte Mitteldruck von 2 bar auf 5 bar und die Motordrehzahl von 850 U/min auf 1400 U/min angehoben. Für die Volumina zwischen Verdichter und Einlassventil und zwischen Auslassventil und Turbine werden zwei Systeme definiert. Aufgrund der Differenzierung der

Drucksignale $p_{2,SR}$ und p_3 ist im Rechenalgorithmus eine Filterung notwendig. Die Verwendung des vorgestellten Modellansatzes ermöglicht eine genauere Bestimmung der Zylinderfüllung und des Turbinenmassenstroms während instationärer Motorbetriebsphasen. Die Kombination des Thermoelement- und des Massenstromkorrekturmodells erlaubt die echtzeitfähige Berechnung des Turbinenenthalpiestroms.

Der Funktionsrahmen der modellbasierten Ladedrucksteuerung teilt sich in die Berechnungspfade des Turbinenleistungsarrays und der Sollturbinenleistung auf. Im Turbinenleistungsarray wird die darstellbare Turbinenleistung als Funktion der Leitschaufelposition bestimmt. Die Sollturbinenleistung beschreibt das zum schnellstmöglichen Erreichen des Ladedrucks notwendige Leistungsniveau.

Abbildung 4.38 zeigt das Rechenschema der modellbasierten Vorsteuerung. Zur Charakterisierung des aktuellen Turboladerbetriebspunkts wird die Turboladerdrehzahl benötigt. Durch das Verdichterkennfeld stehen die Turboladerdrehzahl, der geförderte Massenstrom und das Druckverhältnis des Verdichters miteinander in Zusammenhang.

Der Verdichter-Massenstrom ergibt sich aus der Summe des Frischluft- und des ND-AGR-Massenstroms. Das Druckverhältnis wird messtechnisch erfasst. Der Algorithmus erlaubt die virtuelle Bestimmung der Turbinendrehzahl. Zur Berechnung des Turbinenleistungsarrays werden vereinfachende Annahmen getroffen. Die Leistungsberechnung wird über Gleichung 4.31 vollzogen [74].

$$P_{Turb} = \dot{m}_{Turb} \cdot c_p \cdot T_3 \cdot \left[\left(1 - \frac{p_4}{p_3} \right)^{\frac{\kappa-1}{\kappa}} \right] \cdot \eta_{Turb} \tag{4.31}$$

Unter Vorgabe der aktuellen Turboladerdrehzahl und des Abgasmassenstroms wird zunächst für jedes vorliegende Turbinenkennfeld die entsprechende Turbinenleistung kalkuliert. Da die Ausführung des Algorithmus im 1ms-Task des Steuergeräts erfolgt, werden die Größen T_3, p_4, $\dot{m}_{Turb}$ und n_{ATL} innerhalb eines Steuergerätzeitschritts als Konstanten definiert.

Die Invertierung der vorhandenen Turbinenkennfelder ermöglicht unter Vorgabe des reduzierten Massenstroms und der Turbinendrehzahl die Bestimmung des Turbinendruckverhältnisses. Da zur Berechnung des reduzierten Massenstroms wiederum der Abgasgegendruck p_3 erforderlich ist, ergibt sich ein iteratives Berechnungsschema.

Zur Umsetzung des Modells auf dem Steuergerät wird die Anzahl an Iterationsschritten fest definiert. Die Turbinenwirkungsgrade der einzelnen Kennfelder werden auf analoge Weise ermittelt. Bevor im anschließenden Berechnungsschritt die notwendige Leitschaufelposition bestimmt wird, findet zunächst die Berechnung der Turbinensollleistung statt.

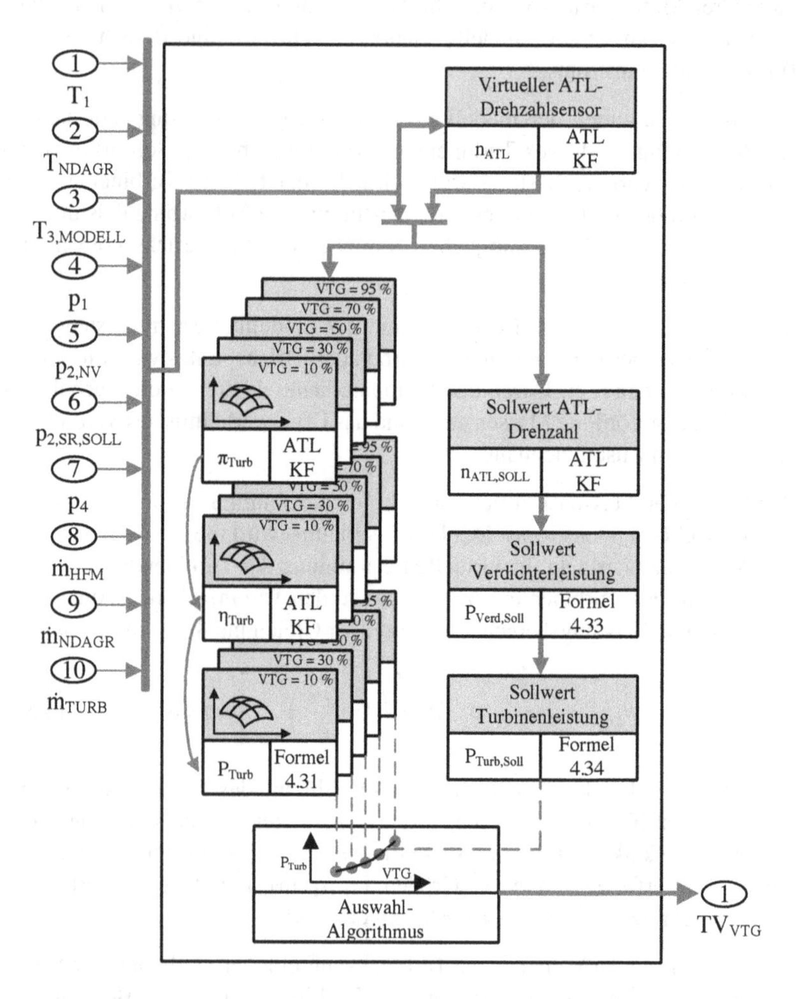

Abbildung 4.38: Berechnungsschema der modellbasierten Ladedrucksteuerung

Zur Berechnung der Turbinensollleistung wird die Verdichterleistung über Formel 4.32 errechnet [74]. Der Wirkungsgrad des Verdichters ergibt sich aus dem Verdichterkennfeld. Die Eintrittstemperatur wird über die allgemeine Mischungsgleichung aus dem ND-AGR- und Frischluftmassenstrom ermittelt.

$$P_{Verd} = \dot{m}_{Verd} \cdot c_p \cdot T_1 \cdot \left[\left(\frac{p_{2,NV}}{p_1} \right)^{\frac{\kappa-1}{\kappa}} - 1 \right] \cdot \frac{1}{\eta_{Verd}} \tag{4.32}$$

Zur Berechnung der zum applizierten Ladedrucksollwert zugehörigen Verdichterleistung wird die Formel 4.32 zu 4.33 verändert. Der Steuergerätalgorithmus benötigt zur Bestimmung des Verdichterwirkungsgrads im Ziel-Betriebspunkt des Turboladers die zugehörige ATL-Drehzahl. Unter Annahme eines konstanten Massenstroms, eines konstanten Drucks p_1 und einer konstanten Verdichtereinlasstemperatur T_1 innerhalb eines Rechenintervalls erfolgt die Bestimmung der entsprechenden Turboladerdrehzahl.

$$P_{Verd,Soll} = \dot{m}_{Verd} \cdot c_p \cdot T_1 \cdot \left[\left(\frac{p_{2,Soll}}{p_1} \right)^{\frac{\kappa-1}{\kappa}} - 1 \right] \cdot \frac{1}{\eta_{Verd,Soll}} \tag{4.33}$$

Über die Umstellung des Drallsatzes der Turbinenwelle [74] ergibt sich nach Formel 4.34 der Sollwert für die Turbinenleistung.

$$\begin{aligned} P_{Turb,Soll} = {} & 4 \cdot \pi^2 \cdot \Theta \cdot n_{ATL} \cdot (n_{ATL,Soll} - n_{ATL}) + \\ & \left(\frac{P_{Verd} + P_{Verd,Soll}}{2} \right) + P_{Reib} \end{aligned} \tag{4.34}$$

Für die Definition der Soll-Turbinenleistung wird eine konstante Turboladerdrehzahl innerhalb eines Steuergerätzeitschritts vorausgesetzt. Die aufzubringende Verdichterleistung wird durch das arithmetische Mittel von Ist- und Sollwert der Verdichterleistung vorgegeben. Durch einen Interpolationsalgorithmus wird im Anschluss die Turbinensollleistung über den Turbinenleistungsarray einer Aktorposition zugeordnet.

Die Überprüfung des Funktionsrahmens findet zunächst in der Model-in-the-Loop Umgebung statt. Anhand eines Sollwerttreppenprofils für den Ladedruck wird das Führungsverhalten der modellbasierten Steuerung bewertet. Neben der stationären Genauigkeit des Turboladermodells erlaubt der Funktionsrahmen bei Sollwertänderungen eine schnelle Änderung des Ladedrucks. In diesem Kapitel wird die Funktionsweise des Rechenalgorithmus bei Last- und Drehzahländerungen nicht explizit vorgestellt. Vielmehr wird an dieser Stelle auf die Simulationsergebnisse aus Kapitel 6 verwiesen.

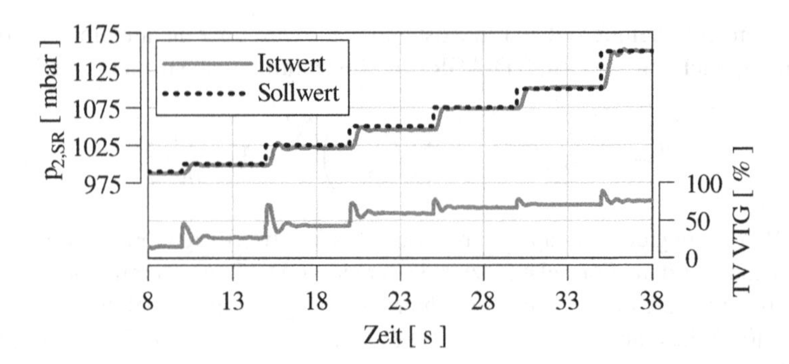

Abbildung 4.39: Simulationsergebnisse: Validierung der modellbasierten Ladedruckstellung | n = 1000 U/min | p_{mi} = 5 bar

Im Anschluss an die virtuelle Entwicklung des Steuergerätalgorithmus erfolgt die Validierung des Modells anhand von Messdaten. Aufgrund der Modellkomplexität werden die einzelnen Berechnungsschritte separat validiert. In Abbildung 4.40 ist die stationäre Überprüfung des virtuellen Turboladerdrehzahlsensors dargestellt.

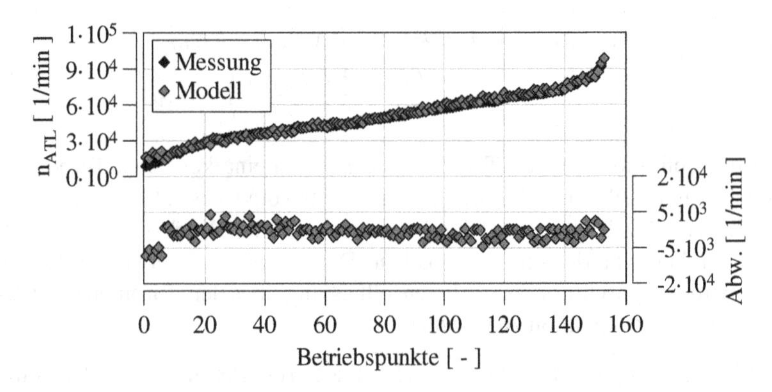

Abbildung 4.40: Prüfstandsergebnisse: Validierung der Turboladerdrehzahl

Die physikalischen Randbedingungen und die aktuelle Aktorposition werden für die Validierung des modellierten Drosselverhaltens der Turbine dem Algorithmus vorgegeben. Abbildung 4.41 vergleicht das gemessene und vorhergesagte Druckverhältnis.

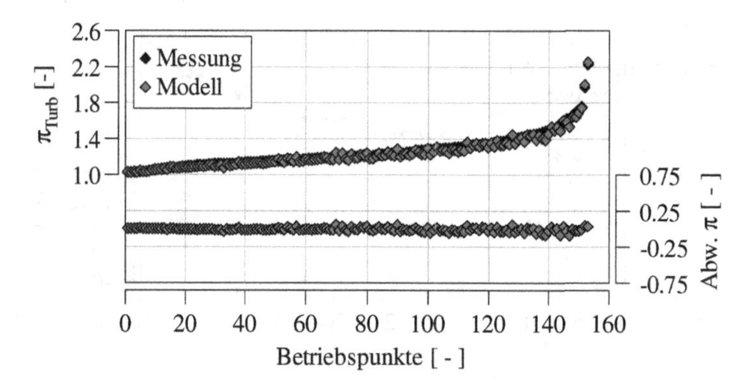

Abbildung 4.41: Prüfstandsergebnisse: Stationäre Validierung des Druckverhältnisses der Turbine

Zur Validierung der ATL-Wirkungsgrade zeigt Abbildung 4.42 die Ergebnisse der Turbinenleistungsbilanz für stationäre Betriebspunkte mit AGR.

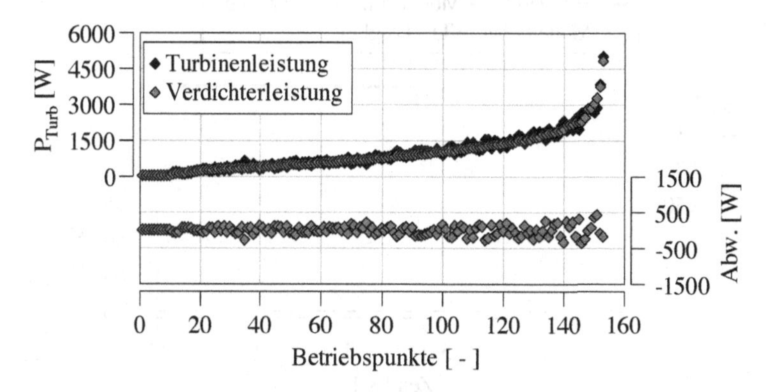

Abbildung 4.42: Prüfstandsergebnisse: Stationäre Turbinenleistungsbilanz

In Abbildung 4.43 sind die stationären Sollwertabweichungen des Ladedrucks dargestellt. Der indizierte Mitteldruck wird zwischen 1 bar und 10 bar und die Motordrehzahl zwischen 850 U/min und 2200 U/min variiert.

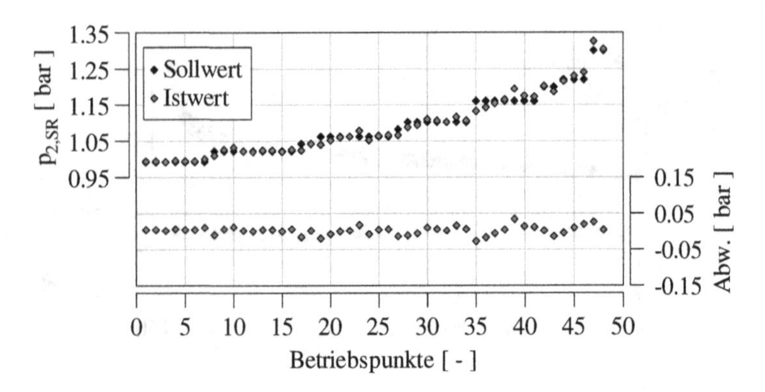

Abbildung 4.43: Prüfstandsergebnisse: Stationäre Validierung des ATL-Modells

Das Verhalten der modellbasierten Struktur für Sprünge im Sollwert des Ladedrucks wird in den Abbildungen 4.44 und 4.45 veranschaulicht.

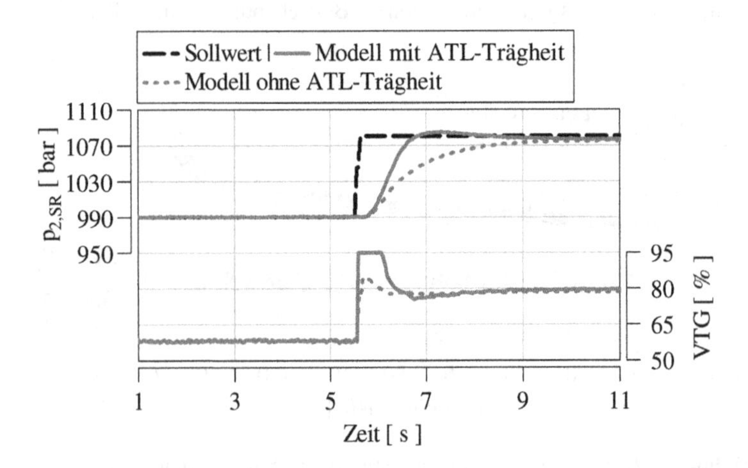

Abbildung 4.44: Prüfstandsergebnisse: Instationäre Validierung für einen Sollwertsprung | $n = 1000$ U/min | $m_b = 12$ mg/ASP

Um die Bedeutung der Massenträgheit des Turboladers für den Funktionsrahmen darzustellen, wird im Algorithmus ein Multiplikator für das Trägheitsmoment eingeführt. Eine Berücksichtigung der Massenträgheit des Turboladers im Funktionsrahmen führt zu einer deutlichen Verbesserung der modellbasierten Steuerung. Die Messergebnisse für ein Sollwert-Treppenprofil des Ladedrucks zeigt Abbildung 4.45. Nach jedem Sollwertsprung reduziert die modellbasierte Vorsteuerung wie gewünscht den Turbinenquerschnitt, um schnellstmöglich die Trägheit zu überwinden. Durch die physikalische Grundlage des Modells entfällt eine aufwändige Applikation des Proportionalglieds. Die Ergebnisse für instationäre Profile mit veränderlicher Last und Motordrehzahl werden in Kapitel 6 erörtert.

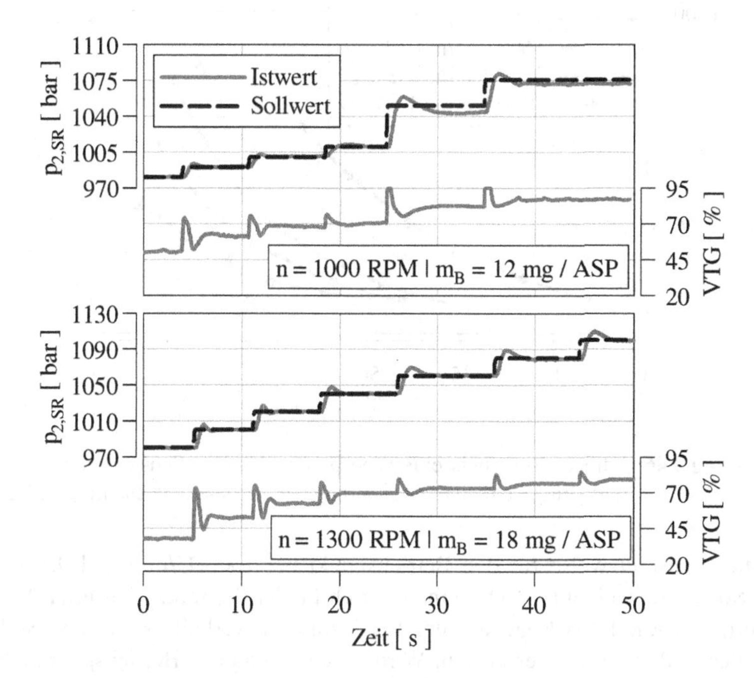

Abbildung 4.45: Prüfstandsergebnisse: Instationäre Validierung der modellbasierten Ladedrucksteuerung für ein Sollwerttreppenprofil

4.3.3 Die modellbasierte Ladedruckregelung

Die Ungenauigkeiten des Turboladermodells erfordern die Erweiterung der Vorsteuerung um eine Regelung des Ladedrucks. Abhängig von der Differenz des Istwerts zum Sollwert, wird durch eine geeignete Parametrierung der Regelfaktoren die stationäre Genauigkeit verbessert. Aufgrund des Detaillierungsgrads der Vorsteuerung werden die proportionalen und differenziellen Glieder des Reglers nicht verwendet. Zunächst wird eine Verknüpfung von Vorsteuerung und I-Regler untersucht. Die ausgeprägte Nichtlinearität des Systems erfordert jedoch eine Weiterentwicklung der Struktur. Die Verwendung des fortlaufenden Integrals ist aufgrund der betriebspunktabhängigen Sensitivität der Turbinenleitschaufelposition auf den Ladedruck keine ideale Lösung. In Abbildung 4.46 ist dieser Zusammenhang visualisiert.

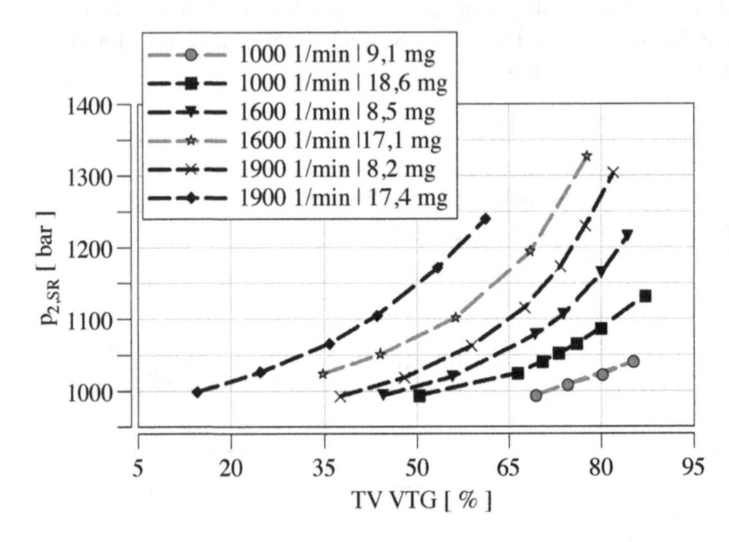

Abbildung 4.46: Prüfstandsergebnisse: Betriebspunktabhängige Sensitivität des Ladedrucks auf eine Veränderung der Turbinenleitschaufelposition

Existiert beispielsweise für den Betriebspunkt bei 1000 U/min und 9,1 mg eine Sollwertabweichung von 50 mbar durch Fehler der modellbasierten Vorsteuerung, addiert das Regelkonzept 15 % zum Tastverhältnis, um den Sollwert des Ladedrucks zu erreichen. Wird anschließend der Betriebspunkt auf 1900 U/min und 18,6 mg verändert, verursachen die zuvor errechneten 15 % einen im Vergleich zur Vorsteuerung um ca. 150 mbar abweichenden Ladedruck. Eine durchgehende Integration der Sollwertabweichung ist daher keine optimale Lösung zur Regelung des Ladedrucks. Des Weiteren erlaubt die Integration der bereits in der Vergangenheit aufgetretenen Regelabweichung in transienten Phasen keine Rückschlüsse auf die aktuellen Betriebsbedingungen. Vielmehr stellt die betriebspunktabhängige Anpassung des Turboladermodells zur Regelung des Ladedrucks eine sinnvolle Alternative dar. Hierzu werden die Regelung und die modellbasierte Vorsteuerung über einen Turbinenwirkungsgradmultiplikator verknüpft. Der Multiplikator ist dabei die Stellgröße der Regelung. Um ein Aufintegrieren des Reglers während der trägheitsbedingten Sollwertabweichungen in transienten Phasen zu vermeiden, wird die Regelung lediglich unter bestimmten Bedingungen aktiviert. In Tabelle 4.4 sind die einzelnen Logikbedingungen aufgelistet.

Tabelle 4.4: Bedingungen für eine Ladedruckregleraktivierung

Phase 1: Regleraktivierung
Reglerstatus: inaktiv
$p_{2,SR,Soll} - p_{2,SR,Ist} > GW_1$
$dn_{ATL}/dt < GW_2$
$dp_{2,SR,Soll}/dt < GW_3$
Phase 2: Aufrechterhaltung der Aktivierung
Reglerstatus: aktiv
$p_{2,SR,Soll} - p_{2,SR,Ist} > GW_1$
$dp_{2,SR,Soll}/dt < GW_3$
Phase 3: Reglerdeaktivierung
Reglerstatus: aktiv
$p_{2,SR,Soll} - p_{2,SR,Ist} < GW_4$

Der Status des Reglers wird durch die vorgestellten Bedingungen festgestellt. Über den Abgleich der zeitlichen Änderungsrate der Turboladerdrehzahl mit einem definierten Grenzwert GW_1 wird eine Veränderung des Turboladerbetriebspunkts festgestellt. Ist der Regler im Zeitschritt zuvor inaktiv und existiert keine Sollwertveränderung des Ladedrucks, wird der Regler bei einer Sollwertabweichung aktiviert. Der Regler bleibt aktiv, sofern keine Änderung des Sollwerts eintritt. Unterschreitet die Sollwertabweichung den Grenzwert GW_4, wird der Regler deaktiviert. Es erfolgt die Speicherung des ab dem nächsten Zeitschritt geltenden Multiplikators. Um die betriebspunktabhängige Sensitivität des Ladedrucks zu berücksichtigen, werden unterschiedliche Speicherstrukturen für den Multiplikator untersucht. In Tabelle 4.5 ist eine Übersicht möglicher Lösungsansätze aufgeführt. Grundsätzlich erfüllen alle vorgestellten Speicherstrukturen die notwendigen Anforderungen. Die physikalisch plausibelste Lösung ist die Speicherung im dreidimensionalen Kennfeld. Aufgrund der hohen Anzahl an anzulernenden Kennfeldpunkten wird diese Struktur nicht umgesetzt. Die zweidimensionale Lösung stellt wegen des fehlenden physikalischen Bezugs zwischen Turbinenwirkungsgrad und Motorbetriebspunkt im Kennfeld ebenso keine optimale Lösung dar. Aufgrund der Übersichtlichkeit und der einfachen Umsetzung wird die Kennlinie als Speicherstruktur verwendet. In Abhängigkeit der reduzierten Turbinendrehzahl werden die Stützstellen der Kennlinie nach jeder erfolgreichen Anlernphase angepasst. Der Funktionsnachweis wird durch die MiL-Simulation erbracht.

Tabelle 4.5: Mögliche Speicherstrukturen für den Turbinenwirkungsmultiplikator

Speichertyp	Dimension	Eingangsgrößen
Kennfeld	3D	Reduzierte ATL-Drehzahl Turbinendruckverhältnis Turbinenschaufelposition
Kennfeld	2D	Indizierter Mitteldruck Motordrehzahl
Kennlinie	1D	Reduzierte ATL-Drehzahl

In Abbildung 4.47 sind die Ergebnisse für einen Lastsprung bei 1000 U/min veranschaulicht. Die Lastanforderung ändert sich dabei sprunghaft von 1 bar auf 5 bar im indizierten Mitteldruck. Zu Beginn des Lastsprungs ist der adaptive Ladedruckregler inaktiv. Erst nachdem die Änderung der Turboladerdrehzahl den Grenzwert unterschreitet, erfolgt die Veränderung des Turbinenwirkungsgrads über einen applizierten I-Regler. Nachdem die Sollwertabweichungen den geforderten Grenzwert unterschreitet, wird der Regler deaktiviert und der Wirkungsgradmultiplikator in der Kennlinie abgespeichert. Die Kombination aus modellbasierter Vorsteuerstruktur und adaptiver Ladedruckregelung ermöglicht ein Führungsverhalten mit geringen Sollwertabweichungen in stationären und transienten Motorbetriebsbedingungen.

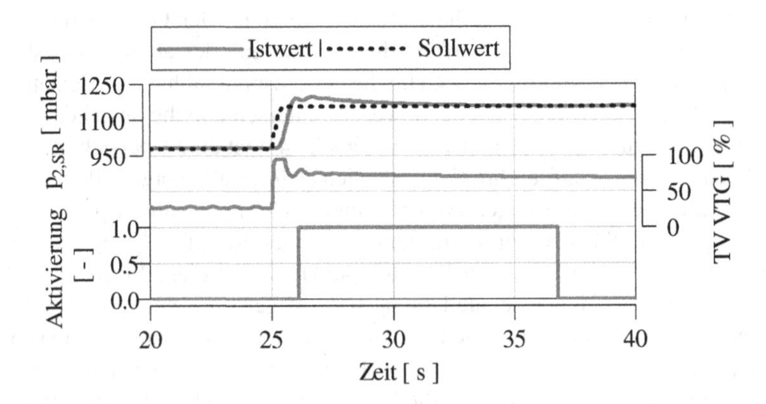

Abbildung 4.47: Simulationsergebnisse: Adaptive Ladedruckregelung

4.3.4 Die Priorisierung der Sauerstoffregelung

Die limitierte Möglichkeit über das HD-AGR-Ventil in transienten Phasen den Sauerstoffgehalt im Saugrohr zu führen, erfordert eine gezielte Erhöhung des Druckgefälles der Strecke. Sowohl der Einsatz einer ansaugseitig angebrachten Drosselklappe als auch das Verkleinern des effektiven Turbinenquerschnitts durch die Leitschaufeln ermöglicht die Erhöhung des Massenstroms über die HD-AGR-Strecke bei vollständig geöffnetem AGR-Ventil. Da im Vergleich zur Drosselklappe das Anstellen der Leitschaufeln aufgrund der Systemträgheit erst verzögert den verbrennungsrelevanten Ladedruck beeinflusst, wird auf den Einsatz der Drosselklappe verzichtet.

Für Phasen mit Sauerstoffüberschuss wird daher die Ladedruckregelung um eine Funktion zur Steuerung des Abgasgegendrucks p_3 für instationäre Phasen erweitert. In transienten Betriebsphasen reicht unter Umständen das am HD-AGR-Pfad anliegende Druckgefälle nicht aus, um den Sauerstoffgehalt im Saugrohr zu führen. Ein kurzzeitiges Reduzieren des effektiven Strömungsquerschnitts der Turbine führt in diesem Fall zu einem verbesserten Führungsverhalten der $O_{2,SR}$-Regelung. Gleichzeitig steigt jedoch die Ladedrucksollwertabweichung. Der Optimierungsprozess der Luftpfadregelung für die teilhomogene Verbrennung erfordert eine betriebspunktabhängige Priorisierung des Sauerstoffregelungssystems. Parallel zum Rechenalgorithmus der Ladedruckregelung wird im Funktionsrahmen der p_3-Steuerung die zur Darstellung des $O_{2,SR}$-Sollwerts notwendige Turbinenleitschaufelposition bestimmt.

Eine Logikoperation entscheidet anschließend zwischen der Ladedruckregelung und der p_3-Steuerung.

Über Gleichung 4.35 erfolgt zunächst die Berechnung des Sollmassenstroms der HD-AGR-Strecke.

$$\dot{m}_{HDAGR,Soll} = \frac{\dot{m}_{vHDAGR} \cdot (O_{2,vHDAGR} - O_{2,SR,Soll})}{O_{2,SR,Soll} - O_{2,VDPF}} \tag{4.35}$$

Ausgehend vom Zielwert des AGR-Massenstroms wird über das bereits vorgestellte Γ-Modell der zugehörige Druck p_3 zugeordnet. Der Drosselbeiwert ξ entspricht dabei dem eines vollständig geöffneten HD-AGR-Ventils. Die Berechnung des Drucks zwischen Ventil und Kühler gelingt durch die Gleichung 4.36. Durch die Formel 4.37 wird der Sollwert für den Druck p_3 bestimmt.

$$p_{3'} = p_{2,SR} \left[\frac{\sqrt{\frac{2R\cdot(\kappa-1)}{\kappa} \cdot \left[\frac{\dot{m}_{HDAGR}}{p_{2,SR}\cdot\Gamma}\right]^2 + 1} + 1}{2} \right]^{\frac{\kappa}{\kappa-1}} \tag{4.36}$$

$$p_3 = p_{3'} \left[\frac{\sqrt{\frac{2R\cdot(\kappa-1)\cdot T_3}{\kappa} \cdot \left[\frac{\dot{m}_{HDAGR}}{p_{3'}\cdot \xi_{Ventil}}\right]^2 + 1} + 1}{2} \right]^{\frac{\kappa}{\kappa-1}} \tag{4.37}$$

Parallel wird ein Array des Abgasgegendrucks als Funktion der Leitschaufelposition aufgestellt. Über den Turbinenmassenstrom und die Turboladerdrehzahl wird das Turbinendruckgefälle für die vorhandenen Kennfelder ermittelt. Ein Auswahlalgorithmus ermöglicht die Zuordnung des errechneten Sollwerts für den Abgasgegendruck p_3 zur notwendigen Aktorposition. Zur Festlegung des Tastverhältnisses der Leitschaufelposition gilt der kleinste Turbinenquerschnitt beider Funktionen. Die p_3-Steuerung wird im stationären Betrieb ohne $O_{2,SR}$-Abweichung grundsätzlich einen größeren Querschnitt als die Ladedruckregelung ausgeben. Im transienten Betrieb mit Sauerstoffüberschuss wird der Abgasgegendruck durch die entwickelte Funktion erhöht. Abbildung 4.48 zeigt das Berechnungsschema zur Priorisierung der Sauerstoffregelung.

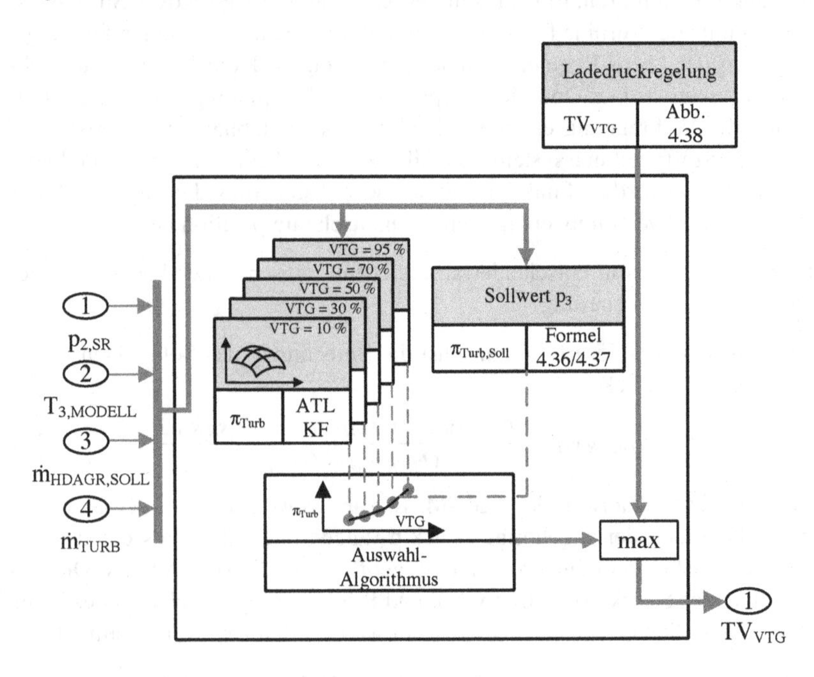

Abbildung 4.48: Integration des Funktionsrahmens der p_3-Steuerung in den Algorithmus der Ladedruckregelung

Das Potential des erweiterten Ladedruckregelalgorithmus zur Priorisierung der Sauerstoffregelung wird in der Simulationsumgebung analysiert. In Abbildung 4.49 sind die Simulationsergebnisse dargestellt. Die Erweiterung der Ladedruckregelung um die Funktion zur Steuerung des Abgasgegendrucks ermöglicht eine signifikante Verbesserung des Führungsverhaltens der Sauerstoffregelung. Die Sollwertabweichung des Sauerstoffgehalts wird auf ein mögliches Minimum reduziert. Das HD-AGR Ventil wird vom Funktionsrahmen während des Lastsprungs vollständig geöffnet. Über die Priorisierungsfunktion wird ein Sollwert für den Abgasgegendruck errechnet. Da das Druckgefälle über dem HD-AGR-Pfad nicht ausreicht, wird der Turbinenquerschnitt reduziert. Aufgrund der Systemträgheit des Turboladers kommt es erst verzögert zu einem Ladedruckaufbau. Während der aktiven Abgasgegendrucksteuerung wird der Sollwert des Ladedrucks überschritten. Nur eine ansaugseitig angebrachte Drosselklappe vor der HD-AGR-Beimischung ermöglicht einen Ausgleich des erhöhten Drucks nach dem Verdichter. Eine Regelung der Drosselklappe wird in dieser Arbeit nicht explizit untersucht. An der Stelle wird auf die entsprechende Literatur verwiesen [1].

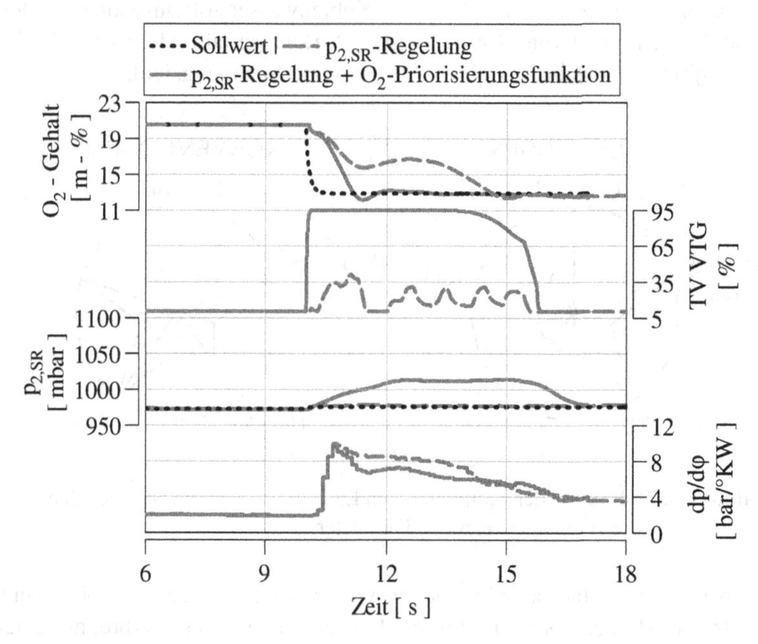

Abbildung 4.49: Simulationsergebnisse: Priorisierung der Sauerstoffregelung

Der Funktionsrahmen ermöglicht im Vergleich zu einem rein ND-AGR geführten Motorbetrieb eine signifikante Verbesserung im Führungsverhalten der Sauerstoffregelung. Eine Reduktion der Brennraumdruckgradienten ist die Folge. Da zur vollständigen Bewertung des Funktionsrahmens die Ergebnisse der Verbrennungsregelung von wesentlicher Bedeutung sind, werden die Messergebnisse zur Priorisierung der Sauerstoffregelung in Kapitel 6 vorgestellt.

4.4 Die Betriebsartenumschaltung

Die begrenzte Anwendbarkeit des alternativen Brennverfahrens im Kennfeld des Verbrennungsmotors erfordert eine geeignete Strategie zur Regelung des Luftpfads für den vollständigen Motorbetriebsbereich. Die signifikanten Unterschiede von alternativer und konventioneller Verbrennung führen zu verschiedenartigen Zielkonflikten. Die hohen Inertgasanteile in Verbindung mit der ausgeprägten Ladungshomogenisierung des teilhomogenen Brennverfahrens ermöglichen die gleichzeitige Reduktion von Ruß- und Stickoxidemissionen. Die niedrigen Temperaturen im Brennraum führen jedoch zu höheren Kohlenstoffmonoxid- und unverbrannten Kohlenwasserstoffemissionen. Unter der Berücksichtigung von Motorgeräusch, Wirkungsgrad und HC-/CO-Emissionen ergibt sich das in Abbildung 4.50 gezeigte Spannungsfeld.

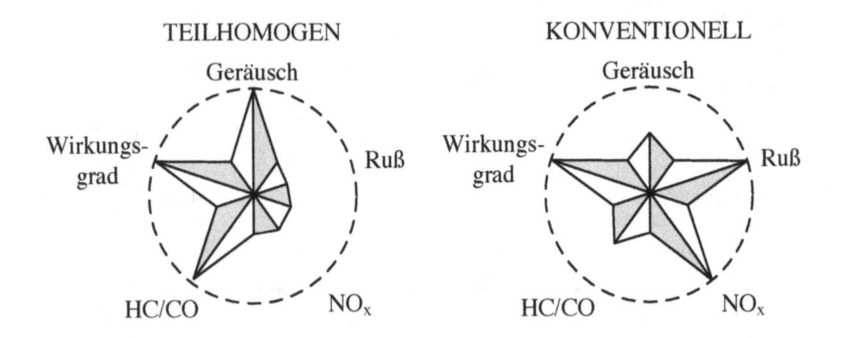

Abbildung 4.50: Einfluss der Luftpfadgrößen Ladedruck und Sauerstoffgehalt auf verbrennungsrelevante Parameter

Die über den Luftpfad beeinflussbaren, verbrennungsrelevanten Größen sind vom Brennverfahren abhängig. Für die konventionelle Dieselverbrennung bestimmen die physikalischen Randbedingungen im Luftpfad die Ruß- und Stickoxidbildung. Trotz der Unterschiede beider Betriebsarten sind die physikalischen Stellgrößen zur Beeinflussung der Spannungsfelder identisch. Ladedruck, Ansaugtemperatur und Sauerstoffgehalt im Einlasskrümmer bestimmen die zeitliche Kraftstoffumsetzung der teilhomogenen Verbrennung. Das Motorengeräusch, der Wirkungsgrad und die HC-/CO-Emissionen werden durch die Luftpfadgrößen beeinflusst. Unter konventioneller Verbrennung bestimmt der thermodynamische Zustand des angesaugten Gemischs aus Frischluft und Abgas den Ruß-Stickoxid-Zielkonflikt [66]. Über die Sollwertvorgabe der physikalischen Stellgrößen wird eine Verschiebung des Spannungsfelds ermöglicht. Zur Applikation der Luftpfadregelung beider Brennverfahren werden folglich die in Abbildung 4.51 aufgeführten Größen als Kennfelder hinterlegt.

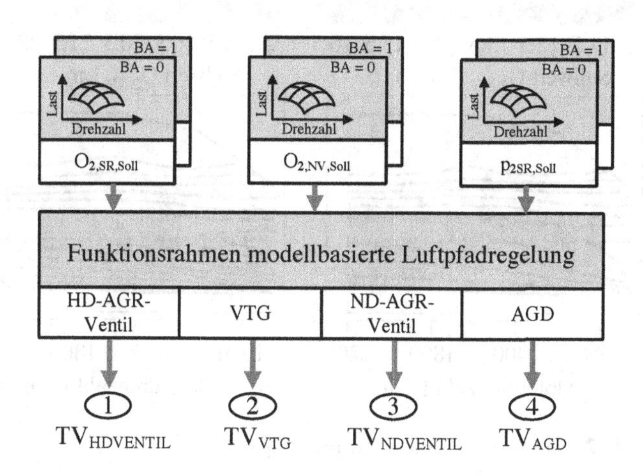

Abbildung 4.51: Applikation der Luftpfadregelung

Durch Vorgabe der Sollwerte wird durch die modellbasierte Funktionsstruktur eine Regelung des Luftpfads, unabhängig vom Betriebsmodus, unter Optimierung der Zielgrößen ermöglicht. Um zwischen den beiden Betriebsmodi zu unterscheiden, werden die Variablen „BA_LP“ und „BA_KP“ definiert. Es gelten der Wert 0 für die teilhomogene und der Wert 1 für die konventionelle Dieselverbrennung.

In [86] werden zur Definition der Betriebsart zwei Variablen vorgestellt, wodurch eine getrennte Umschaltung der Applikationsebenen des Luft- und Kraftstoffpfads ermöglicht wird. Die unterschiedlichen Brennverfahren erfordern verschiedenartige Sollwertkennfelder für die Luftpfadgrößen. Speziell im applizierten Sauerstoffgehalt des Saugrohrs unterscheiden sich beide Betriebsmodi wesentlich. Die relevanten Kennfelder zur Regelung des Luftpfads stammen aus stationären Versuchen am Motorenprüfstand. Im teilhomogenen Betriebsbereich ergibt sich der Sollwert für den Sauerstoffgehalt im Saugrohr aus dem maximal tolerierbaren Brennraumdruckgradienten bei möglichst geringen HC- und CO-Emissionen. In Abbildung 4.52 sind die Sollkennfelder der Sauerstoffregelung dargestellt. Um mit der HD-AGR-Strecke Sauerstoffmangel und -überschuss im instationären Betrieb auszugleichen, wird ein Teil des Abgases bereits stationär über die HD-AGR-Strecke rückgeführt, sodass sich die Sollwerte des Sauerstoffgehalts nach dem Verdichter und im Saugrohr unterscheiden.

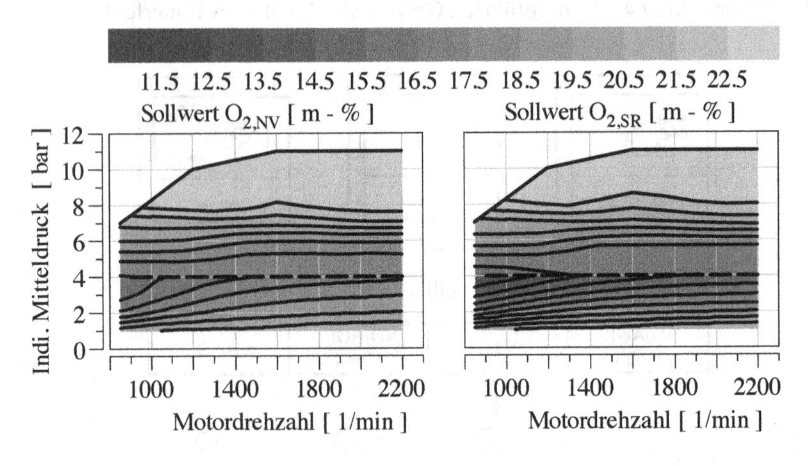

Abbildung 4.52: Sollwerte der Sauerstoffregelung

Für den Sollwert des Ladedrucks wird ein betriebsartenunabhängiges Kennfeld hinterlegt. Der zugehörige Verlauf des maximalen Brennraumdruckgradienten und der entstehenden Geräuschemissionen im Kennfeld zeigt Abbildung 4.53. Der in [77] vorgestellte Trade-Off zwischen Stickoxid-, HC- und CO-Emissionen der teilhomogenen Verbrennung ermöglicht eine Umsetzung unterschiedlicher Applikationsstrategien.

Im Rahmen dieses Projekts wird hauptsächlich die teilhomogene Verbrennung mit Betriebsartenwechsel betrachtet. Um die urbanen Fahrprofile des NEFZ und des WLTC am Prüfstand und in der Simulation vollständig darzustellen, wird die Applikation der teilhomogenen Verbrennung um den in Abbildung 4.52 veranschaulichten Bereich mit konventioneller Dieselverbrennung erweitert. Betriebspunkte mit höherer Last und Drehzahl sind nicht Forschungsgegenstand dieser Arbeit. Für den maximal zulässigen Brennraumdruckgradienten wird in Anlehnung an [77] ein Grenzwert von 6 bar/°KW definiert. Zur Berücksichtigung des subjektiven Geräuschempfindens wird im teilhomogenen Betrieb ein kontinuierlicher Verlauf des Druckgradienten appliziert. Um beim Betriebsartenwechsel eine sprunghafte Änderung des Geräuschniveaus zu vermeiden, wird über eine angepasste Einspritzstrategie im Bereich des konventionellen Dieselbrennverfahrens der Druckgradient erhöht.

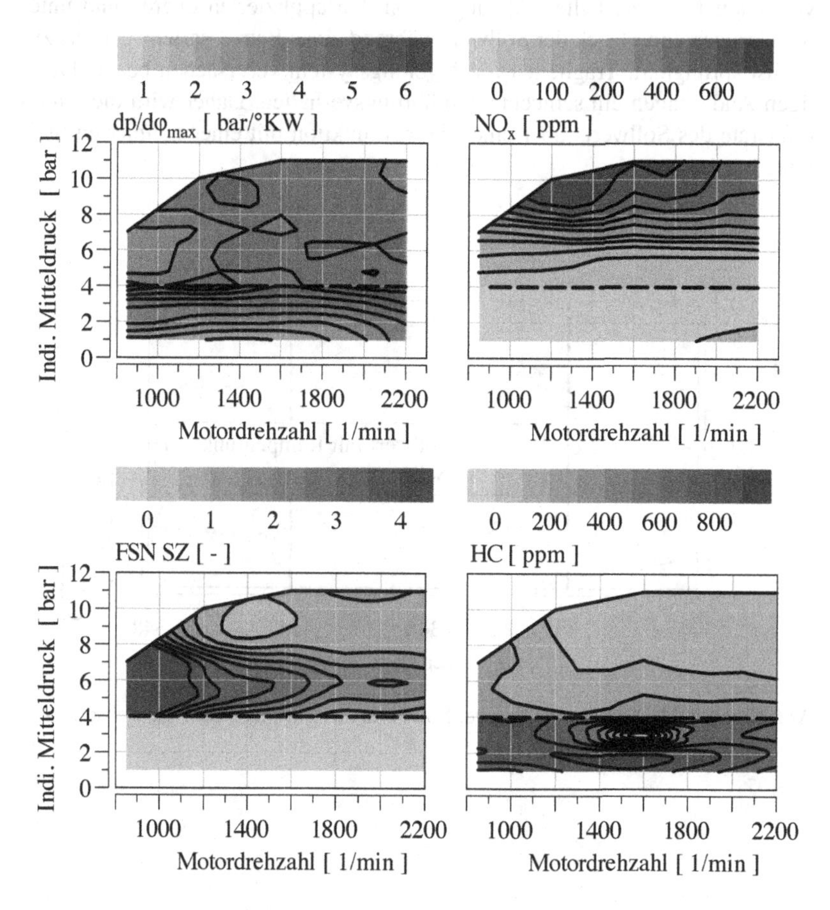

Abbildung 4.53: Geräusch- und Abgasemissionen im applizierten Kennfeldbereich

Aufgrund der unterschiedlichen Eigenschaften beider Brennverfahren wird eine Strategie für den Betriebsartenwechsel benötigt. Die Umschaltung des Luftpfads erfolgt anhand der Lastanforderung. In Abbildung 4.54 ist der Verlauf des Sollwerts für den Sauerstoffgehalt nach dem Verdichter dargestellt. Die Betriebsart des Kraftstoffpfads wird aufgrund der Trägheit des Luftpfads zeitlich verzögert gewechselt. Unter Berücksichtigung einer Hysterese wird bei einer Lasterhöhung ab einem gewissen Sollwert des indizierten Mitteldrucks vom teilhomogenen auf das konventionelle Dieselbrennverfahren umgeschaltet. Umgekehrt wird im Falle einer Lastreduktion der Betriebsartenparameter von 1 auf 0 umgeschaltet. Abhängig von den applizierten oberen und unteren Grenzen ändert sich der Sollwert während eines Betriebsartenwechsels zunächst sprunghaft. Trägheiten im Regelungssystem verursachen bei schlagartigen Änderungen ein schlechteres Führungsverhalten. Daher wird die Änderungsrate des Sollwerts über eine Rampenfunktion mit einer definierten Steigung begrenzt.

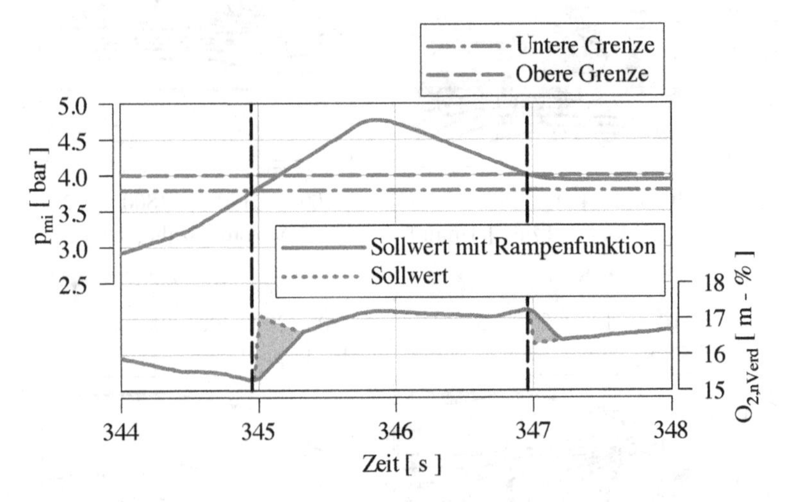

Abbildung 4.54: Rampenfunktion der Sollwerte des Luftpfads beim Betriebsartenwechsel

5 Funktionsrahmen der Kraftstoffpfadregelung

Der in Kapitel 4 vorgestellte Funktionsrahmen ermöglicht unter Vorgabe der Zielgrößen Ladedruck und Sauerstoffgehalt eine für die teilhomogene Dieselverbrennung optimierte Luftpfadregelung. Speziell während des transienten Motorbetriebs ist das Regelverhalten durch die Trägheiten der unterschiedlichen Systeme begrenzt. Verzögerungen in der Sensorik und Lageregelung, sowie systembedingte Trägheiten des Turboladers und der AGR-Strecken führen zu unvermeidbaren Sollwertabweichungen im Luftpfad.

Die ausgeprägte Sensitivität der teilhomogenen Verbrennung auf die luftpfadseitigen Randbedingungen erfordert eine Interaktion des Luft- und Kraftstoffpfadregelungssystems. Im Rahmen dieses Kapitels werden die Ergebnisse zur Regelung des Kraftstoffpfads aus [3] zusammengefasst. Das folgende Kapitel ist für die Interpretation der Prüfstandsergebnisse aus Kapitel 6 notwendig. Des Weiteren wird das Potential der MiL-Simulation zur Regelungsentwicklung der Verbrennung dargestellt. In [3] werden für die teilhomogene Verbrennung folgende Regelkreise definiert:

Tabelle 5.1: Regelungssysteme des Kraftstoffpfads

Bezeichnung	Regelgröße	Stellgröße
Raildruckregelung	Raildruck	Druckregelventil / Zumesseinheit
Lastregelung	p_{mi} Brennbeginn	Einspritzdauer
Motorschutzregelung	$dp/d\varphi_{max}$	Einspritzzeitpunkt

Über ein Indiziersystem werden die regelungsrelevanten Verbrennungskennwerte in Echtzeit bereitgestellt. Die Regelgrößen indizierter Mitteldruck, maximaler Druckgradient und Brennbeginn werden dabei zylinderindividuell berechnet. Über eine CAN-Verbindung kommunizieren das Steuergerät und die Indiziertechnik. Die eindeutige Zuweisung der zylinderindividuellen Berechnungsalgorithmen im ZOT-Task des Steuergeräts ermöglicht eine direkte Reaktion des Reglers auf das vorhergehende Arbeitsspiel. Bereits bei 180 °KW nach ZOT ist die Berechnung des indizierten Mitteldrucks und die Bestimmung des maximalen Brennraumdruckgradienten abgeschlossen. Währenddessen erfolgt parallel die Berechnung des Brennbeginns über ein Heizverlaufstangentenverfahren. Bei 480 °KW nach ZOT beginnt bereits die Berechnung der Injektoransteuerung. Diese Vorgehensweise ermöglicht die Regelung der Indiziergrößen über die Injektoransteuerung unter Verwendung der Verbrennungskennwerte des vorhergehenden Arbeitsspiels.

5.1 Die Lastregelung und Raildruckregelung

In [3] wird der indizierte Mitteldruck als Führungsgröße der Lastregelung definiert. Die eingespritzte Kraftstoffmasse wird als virtuelle Stellgröße eingeführt. Zur Berücksichtigung der Interaktion von Raildruck, Einspritzdauer und eingebrachter Kraftstoffmasse wird in [3] ein empirisches Kraftstoffmassenmodell vorgestellt und im Regelungsschema mit aufgenommen.

Abbildung A.3 im Anhang zeigt schematisch den Funktionsrahmen der Lastregelung. Eine Vorsteuerung für die eingespritzte Kraftstoffmasse ermöglicht eine Optimierung des Führungsverhaltens im instationären Motorbetrieb. Ein PID-Regler minimiert Sollwertabweichungen durch die Veränderung der Einspritzmenge. Über das nachgeschaltete Kraftstoffmassenmodell wird unter Vorgabe des gemessenen Raildrucks die zugehörige Injektoransteuerdauer errechnet.

Als Stellgröße für die Raildruckregelung sind das Druckregelventil (DRV) und die Zumesseinheit (ZME) möglich. In Anlehnung an die Ergebnisse aus [86] wird die ZME durch ein Kennfeld gesteuert und das Druckregelventil als Stellgröße definiert. Der Zielwert ergibt sich unter Berücksichtigung der Mindesteinspritzzeit aus dem Anspruch nach einem hohen Homogenisierungsgrad durch hohe Einspritzdrücke [76]. Über die Applikation eines PID-Reglers werden Sollwertabweichungen ausgeglichen.

5.2 Die Motorschutzregelung

Neben dem indizierten Mitteldruck ist der maximale Brennraumdruckgradient ein relevanter Indizierkennwert zur Beschreibung der teilhomogenen Verbrennung und stellt ein Maß für die Verbrennungsgeschwindigkeit dar. Bereits in [76, 86] wird der maximale Brennraumdruckgradient zum Motorgeräusch korreliert. Die schnelle Verbrennung des alternativen Brennverfahrens verursacht im Vergleich zur konventionellen Dieselverbrennung signifikant höhere Druckgradienten. Zur Gewährleistung des Motorschutzes und niedriger Geräuschemissionen wird in [86] ein Regelungssystem für die Druckgradienten der teilhomogenen Verbrennung vorgestellt. Unter Berücksichtigung der Geräuschemissionen wird ein Maximalwert von 6 bar/°KW für die Druckgradienten definiert. Das Prinzip der Motorschutzregelung basiert auf den Ergebnissen zur Variation des Einspritzzeitpunkts einer Blockeinspritzung aus [3, 76]. In Abbildung 5.1 wird der direkte Zusammenhang zwischen Einspritzzeitpunkt und Brennbeginn für unterschiedliche Betriebspunkte mit teilhomogener Verbrennung durch Messergebnisse veranschaulicht.

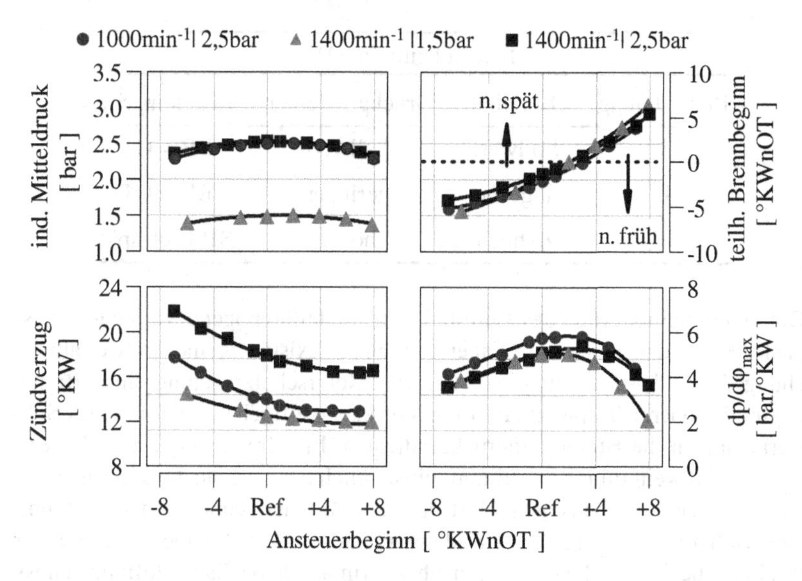

Abbildung 5.1: Sensitivität des Einspritzbeginns

Wird der Einspritzwinkel auf 30 °KW vor dem oberen Totpunkt limitiert, ist die Beeinflussung des Verbrennungsbeginns durch den Einspritzwinkel möglich. Eine frühere Einspritzung führt aufgrund der niedrigeren Brennraumtemperaturen zu längeren Zündverzugsphasen. Für diese sehr frühen Einspritzlagen wird der Brennbeginn hauptsächlich durch die Randbedingungen im Luftpfad und nicht mehr durch die Einspritzlage beeinflusst. Eine Regelung der Verbrennung wird dabei deutlich erschwert.

In [86] beschränkt sich daher der Ansteuerungsbeginn des Injektors auf das Intervall von 30 °KW vor OT bis 5 °KW nach OT. Hinsichtlich des inneren Wirkungsgrads und der entstehenden Emissionen des teilhomogenen Brennverfahrens wird in [76] ein Brennbeginn der Hochtemperaturverbrennung im oberen Totpunkt als optimale Verbrennungslage festgestellt. Bei einer Verschiebung des Brennbeginns vom oberen Totpunkt in die Expansionsphase nehmen die maximalen Brennraumdruckgradienten ab. Das Prinzip der Druckgradientenregelung basiert auf diesem Zusammenhang und verschiebt die Verbrennung bei Überschreitung eines definierten Grenzwerts weiter in die Expansionsphase. Für die Motorschutzregelung in transienten Phasen ergibt sich aufgrund der Luftpfadträgheit die in Tabelle 5.2 aufgeführte Fallunterscheidung.

Tabelle 5.2: Fallunterscheidung Motorschutzregelung

Brennbeginn im OT			
Bezeichnung	O_2-Gehalt	Druckgradienten	Regeleingriff
I	Sollwert	Sollwert	BB = OT
II	zu gering	geringer	BB = OT
III	zu hoch	höher	BB nach spät

Die Haupteinflussgröße des Luftpfads auf die teilhomogene Verbrennung ist nach [3, 76] der angesaugte Sauerstoffgehalt. Existiert keine Sollwertabweichung der Luftpfadregelung, so stellt die Motorschutzregelung einen Brennbeginn im oberen Totpunkt ein. Liegt der Sauerstoffgehalt unterhalb des Sollwerts, sinken die Brennraumdruckgradienten. Ein Brennbeginn im OT ist in diesem Fall weiterhin das Optimum hinsichtlich des Verbrauchs und der Emissionen. Sauerstoffüberschuss führt dagegen zu einer schnelleren Umsetzung des Kraftstoffs. Höhere Druckgradienten sind die Folge. Eine Verschiebung des Brennbeginns in die Expansionsphase ermöglicht bei Sauerstoffüberschuss eine Reduktion der Druckgradienten.

Generell beinhaltet die Motorschutzregelung den Brennbeginn und die Druckgradienten als Regelgrößen. In [86] wird das System durch die Einführung eines inversen Reglers vereinfacht. Beginnt die Verbrennung in der Expansionsphase, wird der maximale Druckgradient als Führungsgröße verwendet. Überschreitet der Brennbeginn den oberen Totpunkt, wird über die inverse Struktur der Sollwert für den Brennraumdruckgradienten angepasst.

Abbildung A.4 im Anhang zeigt schematisch das Regelungsschema der Motorschutzregelung. Eine Vorsteuerung für den Einspritzwinkel verbessert das Führungsverhalten während instationärer Betriebsphasen. In [86] wird zur Verknüpfung von Luftpfad- und Motorschutzregelung eine Abweichung der Sauerstoffregelung für die Bestimmung des Injektoransteuerbeginns berücksichtigt. Über das in [3] vorgestellte empirische Modell wird der kennfeldbasierte Vorsteuerwert abhängig von der Sollwertabweichung des Sauerstoffgehalts im

Saugrohr angepasst. Das durch stationäre Versuche ermittelte Vorsteuerkennfeld bleibt im Funktionsrahmen weiter bestehen. Über einen empirischen Faktor Ω wird der kennfeldbasierte Vorsteuerwert und der Fehler des Sauerstoffgehalts verknüpft. Der korrigierte Einspritzwinkel SOI_{Korr} ergibt sich nach Gleichung 5.1:

$$SOI_{Korr} = SOI_{Kfd} + \Omega \cdot \sqrt{O_{2,SR,ist} - O_{2,SR,soll}} \tag{5.1}$$

Über die Kopplung von Luftpfad- und Motorschutzregelung wird in transienten Betriebsphasen das Regelverhalten wesentlich verbessert. Das Bindeglied beider Regelstrukturen stellt der virtuell ermittelte Sauerstoffgehalt im Saugrohr dar.

Abbildung 5.2 zeigt die Mess- und Simulationsergebnisse für eine Lastrampe mit teilhomogenem Brennverfahren.

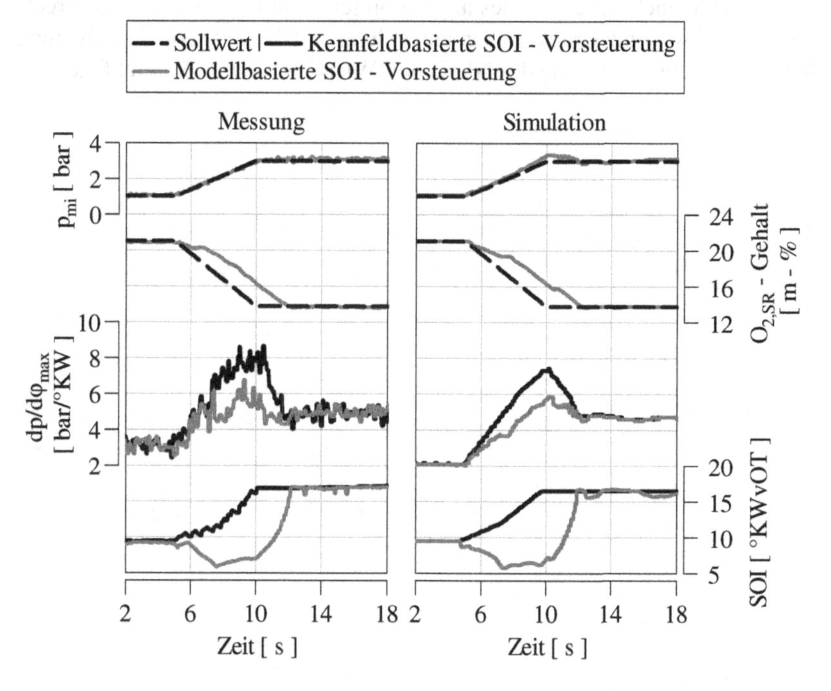

Abbildung 5.2: Mess- (links) und Simulationsergebnisse (rechts): Modellbasierte Druckgradientenregelung für eine Lastrampe bei 1000 U/min

Aufgrund der begrenzten Möglichkeit des HD-AGR-Pfads die Trägheit der ND-AGR auszugleichen, entstehen für die Lastrampe bei 1000 U/min Sollwertabweichungen in der Sauerstoffregelung. Die modellbasierte Vorsteuerung des Einspritzwinkels berücksichtigt den Regelfehler des Luftpfads und ermöglicht im Vergleich zur kennfeldbasierten Vorsteuerung eine deutliche Reduktion der Brennraumdruckgradienten. Bei Sauerstoffüberschuss wird der Brennbeginn durch das empirische Druckgradientenmodell in die Expansionsphase verschoben.

Vergleichbare Ergebnisse zeigen die durchgeführten Simulationen. Der indizierte Mitteldruck und der maximale Brennraumdruckgradient werden mit einer hohen Güte vorhergesagt. Das Potential der verbesserten Verbrennungsregelung ist durch die Model-in-the-Loop Simulation darstellbar. Die simulationsbasierten Untersuchungen verdeutlichen, dass die Regelungsentwicklung der Verbrennung auf virtueller Ebene erfolgen kann. Die phänomenologische Brennverlaufsmodellierung ermöglicht eine gute Vorhersagegüte relevanter Indiziergrößen auch außerhalb des abgestimmten Kennfeldbereichs. Die Ergebnisse der Last- und Druckgradientenregelung mit Betriebsartenumschaltung für die urbanen Fahrprofile des NEFZ und WLTC werden in Kapitel 6 gezeigt.

6 Ergebnisse

Um am Motorenprüfstand ein Geschwindigkeitsprofil relevanter Zertifizierungszyklen darstellen zu können, wird ein Gesamtfahrzeugmodell benötigt. Auf Basis der Daten eines repräsentativen Fahrzeugs und einer vorgegebenen Schaltstrategie wird ausgehend vom darzustellenden Geschwindigkeitsprofil die Motordrehzahl und das effektive Motordrehmoment errechnet. Über ein Reibkennfeld des Verbrennungsmotors erfolgt die Umrechnung des effektiven in ein indiziertes Motordrehmoment.

Die Vorgabe der Motordrehzahl an die Bremsenregelung und die Übergabe des Sollwerts für den indizierten Mitteldruck an die Motorsteuerung ermöglichen eine Untersuchung unterschiedlicher Fahrprofile am Motorenprüfstand.

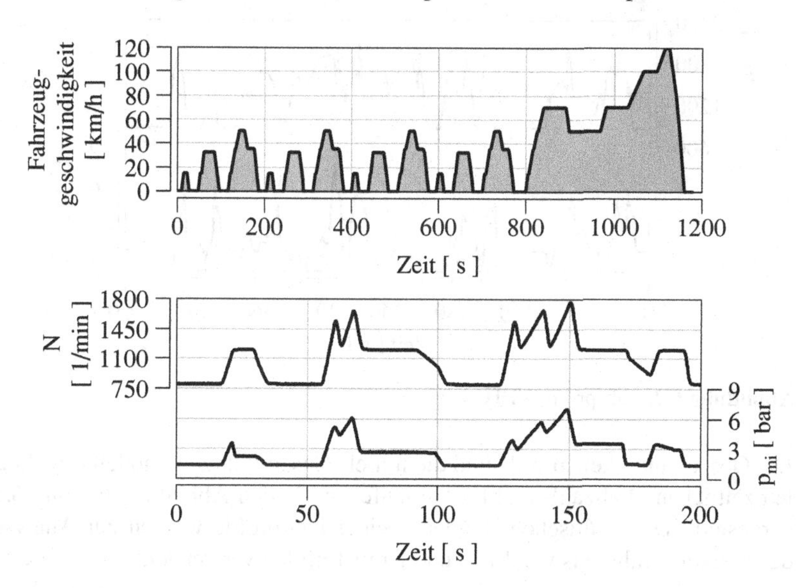

Abbildung 6.1: Geschwindigkeitsprofil NEFZ (oben), Sollwertvorgabe Motorbetriebspunkt im städtischen Anteil des NEFZ (unten)

Da in dieser Arbeit die teilhomogene Verbrennung mit Betriebsartenumschaltung den wesentlichen Forschungsgegenstand darstellt, beschränken sich die ausgewählten Fahrprofile auf die untere und mittlere Teillast im Motorenkennfeld. Die Validierung der vorgestellten Funktionen zur Regelung der teilhomogenen und konventionellen Dieselverbrennung erfolgt für die ersten Phasen des „Neuen Europäischen Fahrzyklus “ [68] und des „Worldwide Harmonized Light Vehicles Test Cycle“ [14].

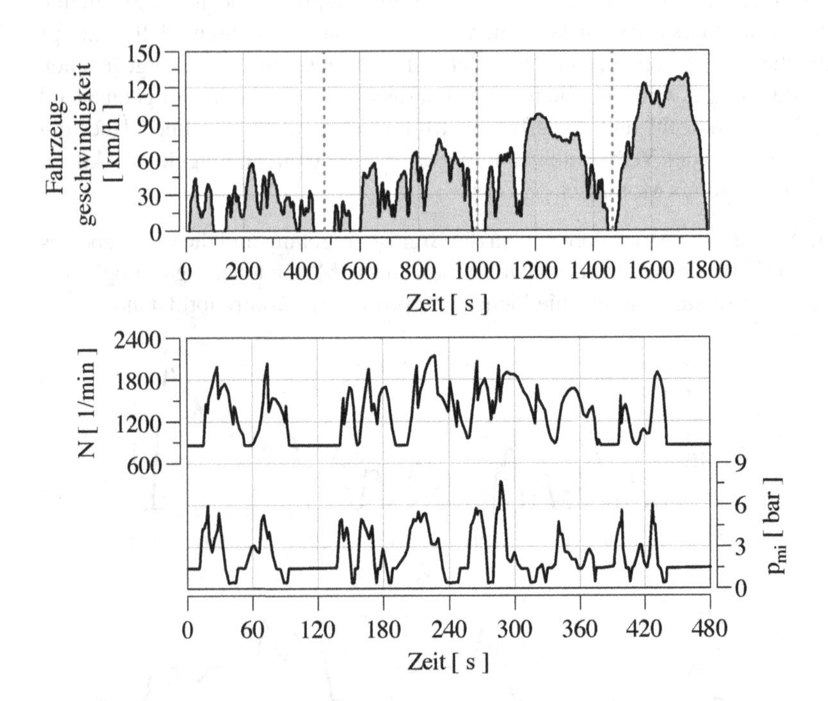

Abbildung 6.2: Fahrprofil WLTC

Die Geschwindigkeitsprofile und die mittels Gesamtfahrzeugmodell errechneten zeitlichen Drehzahl- und Lastverläufe sind in den Abbildung 6.1 und 6.2 dargestellt. Die städtischen Bereiche beider Fahrprofile werden zur Analyse des Funktionsrahmens von Luft- und Kraftstoffpfad verwendet.

6.1 Die Regelung der ND-AGR-Strecke

Die Messergebnisse zum Verhalten des Sauerstoffregelkreises der ND-AGR-Strecke im Stadtprofil des NEFZ sind in Abbildung 6.3 dargestellt. Die applizierten Grenzen bestimmen den Zeitpunkt der Betriebsartenumschaltung. Der Betriebsmodus des Luftpfads wird durch den Parameter „BA LP“ definiert. Das teilhomogene Brennverfahren ist einem Wert von 0 und die konventionelle Dieselverbrennung einem Wert von 1 zugeordnet.

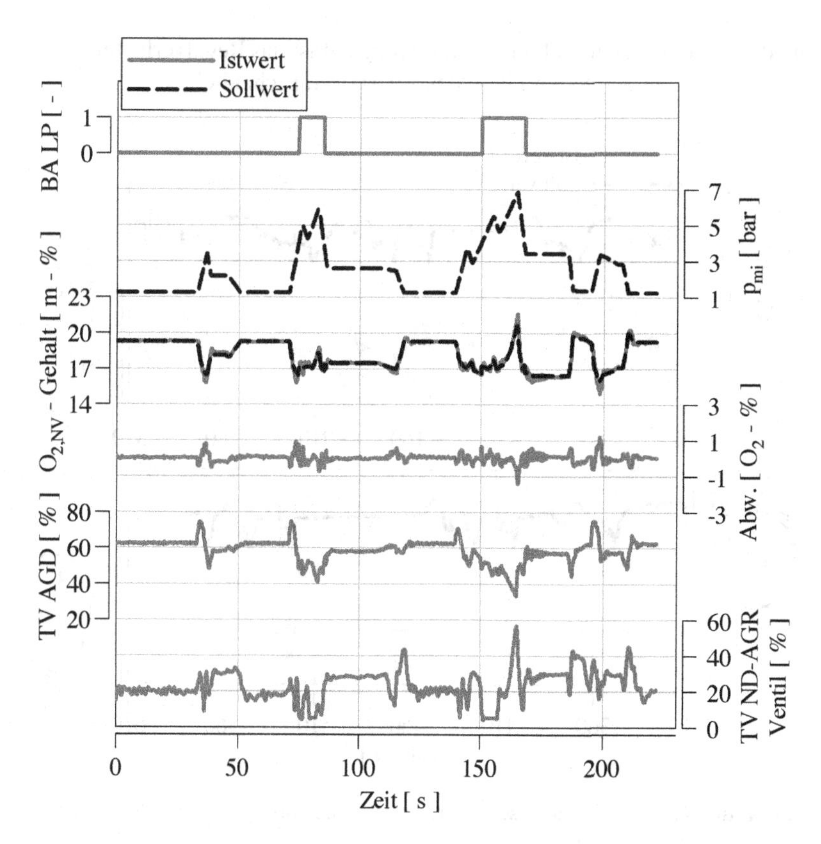

Abbildung 6.3: Messergebnisse NEFZ Stadtprofil: Sauerstoffregelung der ND-AGR-Strecke

Die Messergebnisse verdeutlichen eine hohe Regelgüte im urbanen Ausschnitt des NEFZ. Trägheiten in der Positionsregelung der ND-AGR-Aktorik und in der Bestimmung des Sauerstoffgehalts durch die Lambdasonde führen zu einem leicht überschwingenden Verhalten.

Aus regelungstechnischen Gründen wird in einigen Betriebsphasen sowohl die Abgasgegendruckklappe als auch das ND-AGR-Ventil angestellt. Zur Gewährleistung einer hohen Abbildungsgüte des ND-AGR-Streckenmodells werden Druckdifferenzen über der ND-AGR-Strecke kleiner 10 mbar durch die Ansteuerung des ND-AGR Ventils vermieden. Die Regelung des Sauerstoffgehalts erfolgt über die Positionsvorgabe der Abgasgegendruckdrossel durch die modellbasierte Regelstruktur. In Abbildung 6.4 ist das Regelverhalten der ND-AGR-Strecke in der ersten Phase des WLTC veranschaulicht.

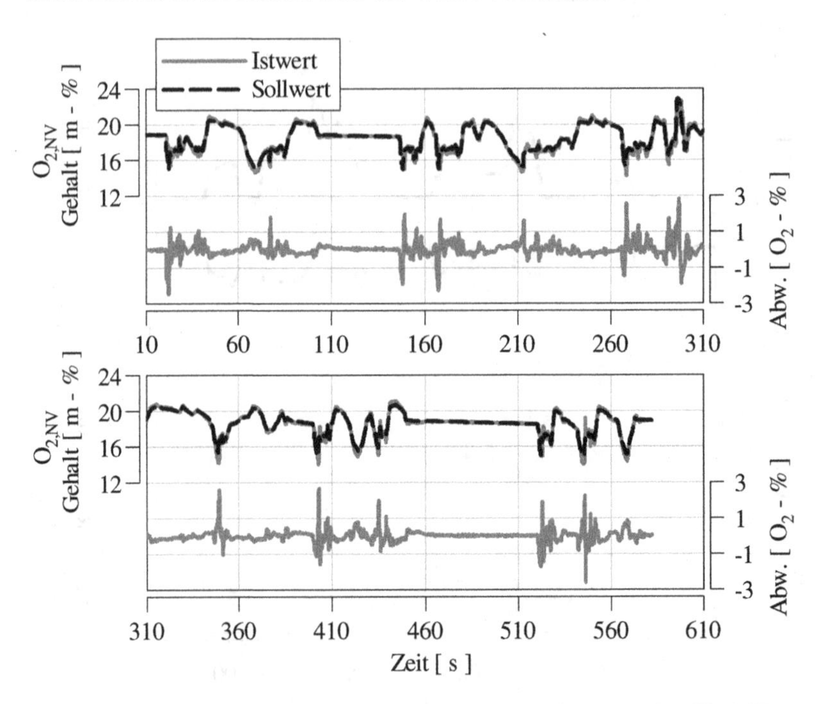

Abbildung 6.4: Messergebnisse WLTC-Low: Sauerstoffregelung der ND-AGR-Strecke

Die im Vergleich zum NEFZ erhöhten Last- und Drehzahlgradienten führen zu größeren Sollwertabweichungen des Sauerstoffgehalts nach dem Verdichter. Speziell in Phasen mit positiver Beschleunigung kann die Regelung dem Sollwert des Sauerstoffgehalts nicht folgen. Zum besseren Verständnis ist hierzu in Abbildung 6.5 ein Ausschnitt einer Beschleunigungsphase des Zyklus dargestellt.

Aufgrund der schnellen Laständerung wird die Abgasgegendruckdrossel bis zum applizierten Grenzwert geschlossen. Die Begrenzung des zulässigen maximalen Ansteuerwerts ist dabei aus regelungstechnischen Gründen zwingend notwendig.

Wird der Motor durch die Gegendruckdrossel zu weit verschlossen, steigen die prozentualen Fehler bei der Bestimmung der Luftmasse durch die vorgegebenen Messtoleranzen des Heißfilmluftmassenmessers. Aufgrund der Bedeutung der Luftmasse für die Steuergerätstruktur wird das Ansteuerverhältnis der Abgasgegendruckklappe begrenzt.

Diese Limitierung des Stellglieds führt zu einer unvermeidbaren negativen Beeinflussung des Führungsverhaltens der Sauerstoffregelung während transienter Betriebsbedingungen.

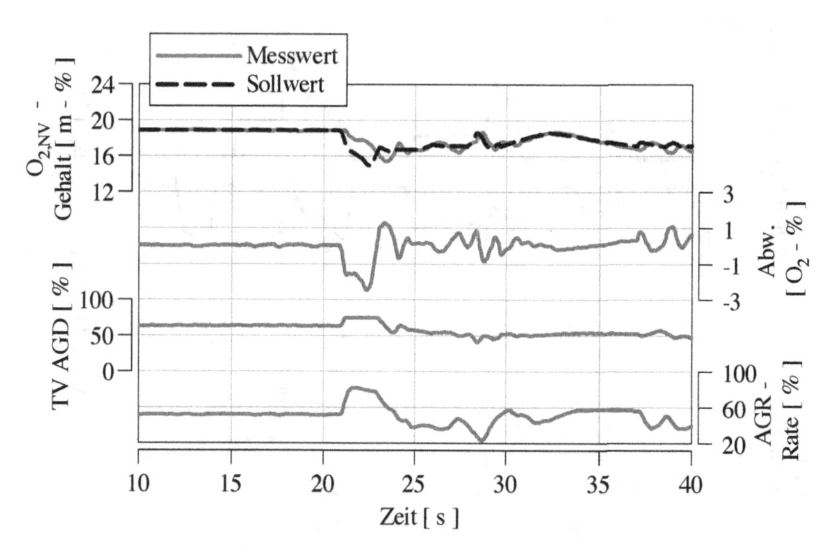

Abbildung 6.5: Messergebnisse Ausschnitt WLTC: Sauerstoffregelung der ND-AGR-Strecke

6.2 Die Steuerung des Sauerstoffgehalts im Saugrohr

Die systembedingte Trägheit der ND-AGR-Strecke erfordert die Verwendung der hochdruckseitigen Abgasrückführung. Die Ansteuerung des HD-AGR-Ventils erfolgt auf Basis der bereits vorgestellten Luftpfadmodelle. Ein Regelkreis wird nicht verwendet.

Zur Validierung der Funktionen wird eine neuwertige Lambdasonde im Saugrohr angebracht. In Abbildung 6.6 sind die Messergebnisse der modellbasierten Steuerung visualisiert. Die Verwendung der vorgestellten Funktionsstruktur ermöglicht ein Führungsverhalten des Sauerstoffgehalts im Saugrohr mit geringen Sollwertabweichungen. Das begrenzte Potential, das Totzeitverhalten der ND-AGR-Strecke durch die Verwendung der hochdruckseitigen Abgasrückführung auszugleichen, führt im Fahrprofil zu absoluten Sollwertabweichungen von bis zu 2,5 %. Abbildung 6.7 stellt diesen Zusammenhang nochmals für einen Ausschnitt des NEFZ in detaillierter Form dar.

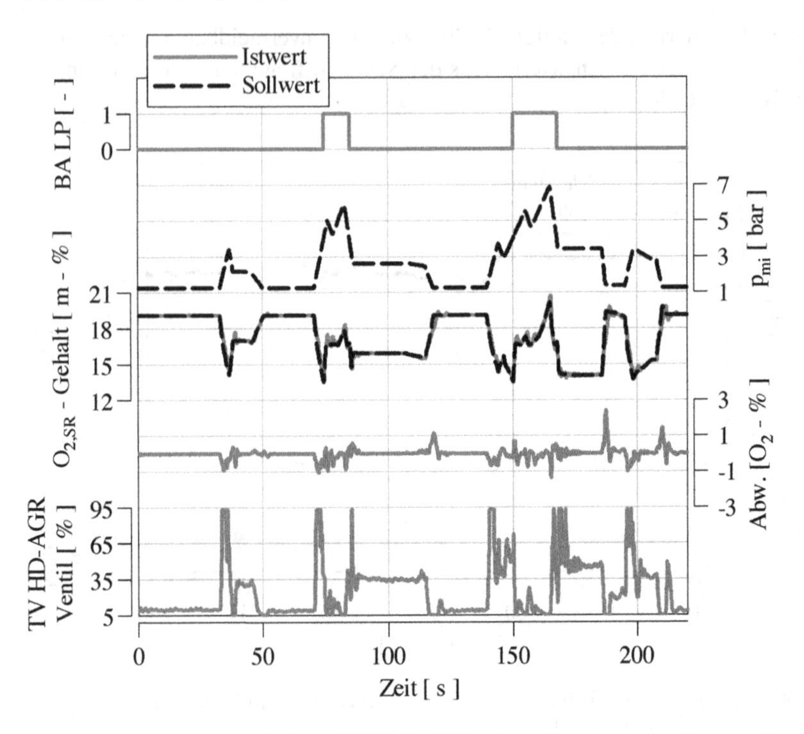

Abbildung 6.6: Messergebnisse NEFZ: Modellbasierte Steuerung des Sauerstoffgehalts im Saugrohr

Eine Abnahme der Lastanforderung führt im teilhomogenen Betriebsbereich zu einem Überschuss an AGR. Ein Eingriff des ND-AGR-Reglers auf den Sauerstoffgehalt im Saugrohr kann erst nach der Streckentotzeit erfolgen. Die Verwendung beider AGR-Strecken zur Regelung ermöglicht einen schnellen Eingriff durch den hochdruckseitigen Anteil des rückgeführten Abgases.

Ist das HD-AGR-Ventil vollständig geschlossen, existiert beim vorhandenen System keine andere Möglichkeit als die Totzeit abzuwarten. Der Einfluss des Sauerstoffmangels auf die teilhomogene Verbrennung wird durch die Regelung des Kraftstoffpfads berücksichtigt. Bei Fahrprofilen mit größeren Last- und Drehzahlgradienten wird dieser Effekt verstärkt.

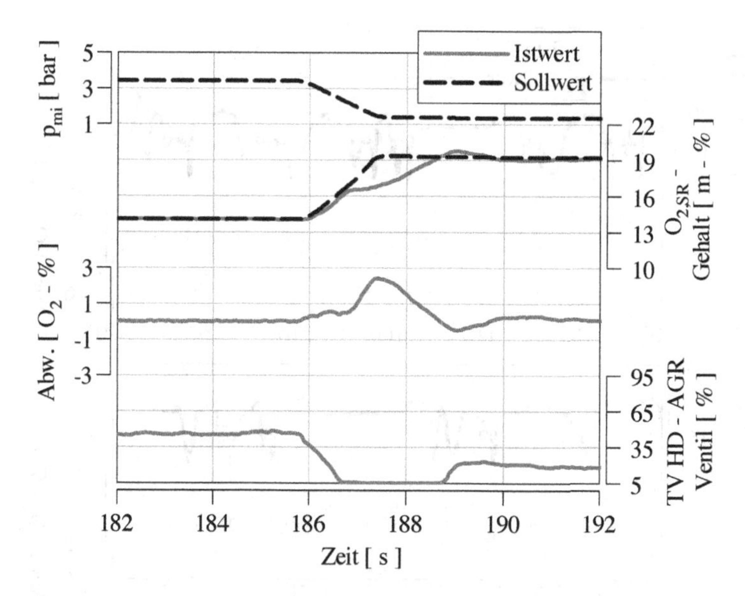

Abbildung 6.7: Messergebnisse NEFZ Ausschnitt: Modellbasierte Steuerung des Sauerstoffgehalts im Saugrohr

Abbildung 6.8 zeigt das Führungsverhalten des Sauerstoffgehalts im Saugrohr für die erste Phase des WLTC. Während transienter Phasen führen die systembedingten Grenzen des Motorkonzepts zu absoluten Sollwertabweichungen von bis zu 5%.

In Anlehnung an die Messergebnisse des NEFZ verursacht eine schnelle Lastreduktion größere Regelfehler aufgrund der Systemträgheit. Eine Verbrennungsregelung ist in diesen Phasen von signifikanter Bedeutung.

Der virtuell errechnete Sauerstoffgehalt im Einlasskrümmer ist das Bindeglied zwischen Luft- und Kraftstoffpfadregelung. Abhängig von der Regelabweichung wird über das Druckgradientenmodell der Vorsteuerwert des Injektoransteuerbeginns verändert. Eine Begrenzung der geräuschrelevanten Brennraumdruckgradienten wird durch den Algorithmus erreicht.

Unter Berücksichtigung der geometrischen Restriktionen ermöglicht der vorgestellte Funktionsrahmen beider Abgasrückführstrecken eine robuste Regelung des Sauerstoffgehalts mit geringen Sollwertabweichungen.

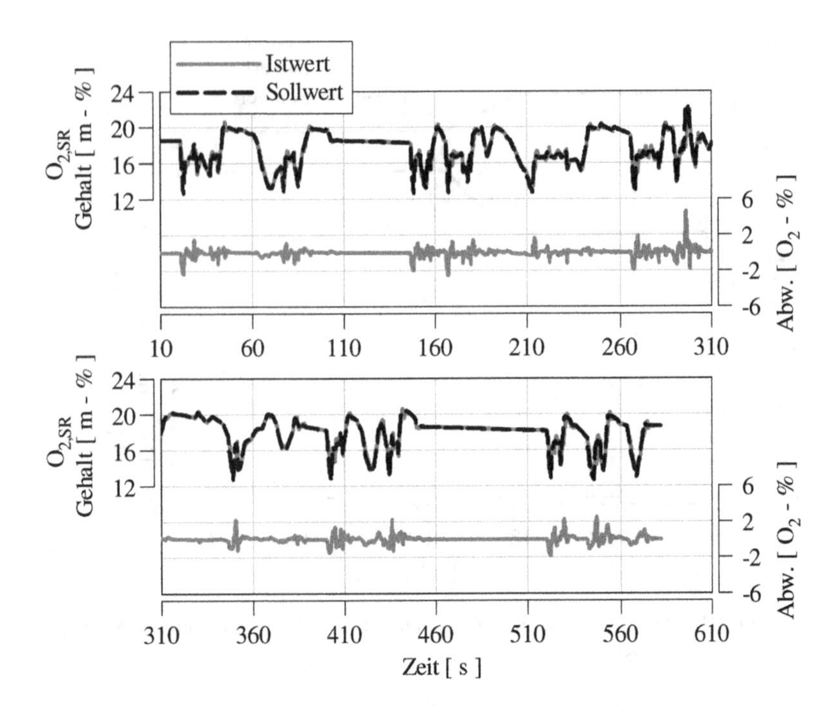

Abbildung 6.8: Messergebnisse WLTC: Modellbasierte Steuerung des Sauerstoffgehalts im Saugrohr

6.3 Die Ladedruckregelung

Neben dem Sauerstoffgehalt im Saugrohr ist der Ladedruck eine wichtige Führungsgröße der Luftpfadregelung. Abbildung 6.9 zeigt die Messergebnisse zur Ladedruckregelung im urbanen Abschnitt des NEFZ. Das echtzeitfähige invertierte Turboladermodell unterstützt dabei die Ladedruckregelung und ermöglicht ein Führungsverhalten des Ladedrucks mit niedrigen Abweichungen.

In Abbildung 6.10 werden die Messergebnisse im WLTC zur Ladedruckregelung gezeigt. Aufgrund der Turboladerträgheit steigen die Sollwertabweichungen mit steileren Last- und Drehzahlgradienten. Die modellbasierte Vorsteuerung errechnet auf Basis der physikalischen Randbedingungen und des applizierten Sollladedrucks die notwendige Aktorikposition. In transienter Betriebphasen wird zur Steuerung ausschließlich der modellbasiert ermittelte Wert verwendet.

Existiert in stationären Betriebsphasen eine Sollwertabweichung wird die adaptive Regelstruktur aktiviert und der erlernte Wert in einer Kennlinie abgespeichert.

Über die Priorisierung der Sauerstoffregelung wird bei Restgasmangel eine zusätzliche Funktion aktiviert. In dieser Phase wird der Ladedruck als Führungsgröße durch das Druckgefälle über der HD-AGR-Strecke ersetzt. Speziell in Beschleunigungsphasen mit teilhomogener Verbrennung und bei Betriebsartenwechsel vom konventionellen zum alternativen Brennverfahren wird diese Funktion benötigt.

In Abbildung 6.11 ist das Potential zur Verbesserung der Sauerstoffregelung durch die O_2-Priorisierungsfunktion dargestellt.

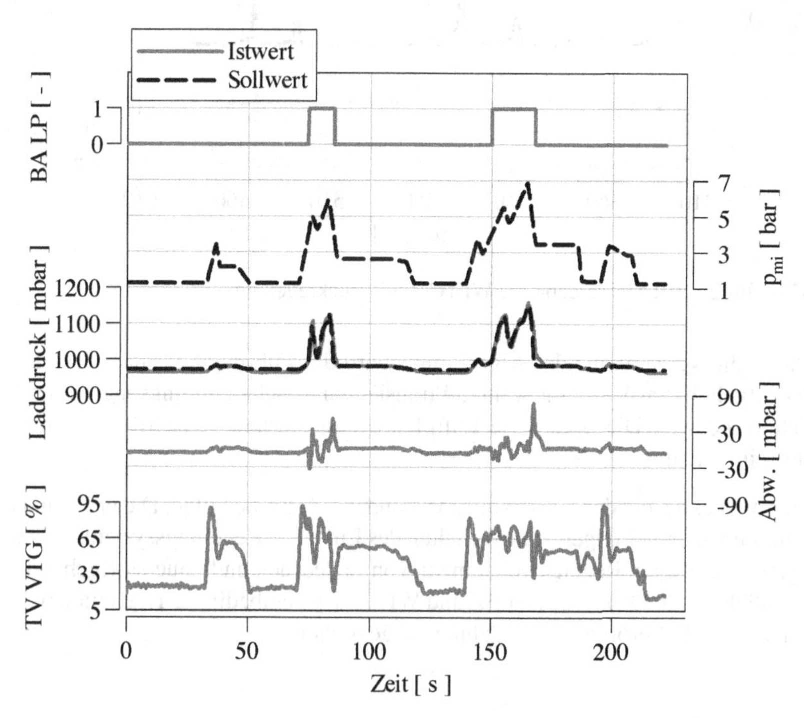

Abbildung 6.9: Messergebnisse NEFZ: Ladedruckregelung

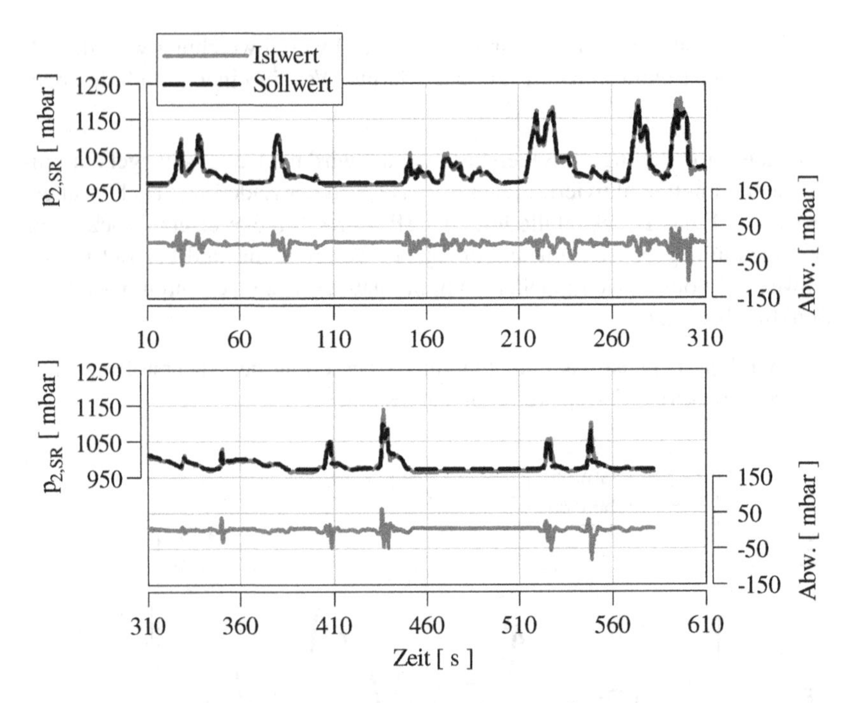

Abbildung 6.10: Messergebnisse WLTC: Ladedruckregelung

Durch die Verwendung des Algorithmus wird das Führungsverhalten des Sauerstoffgehalts im Saugrohr während transienten Beschleunigungsphasen deutlich verbessert. Die optimierte Luftpfadregelung erlaubt eine frühere Kraftstoffeinspritzung.

Eine Verbesserung des Umsetzungswirkungsgrads ist die Folge. Die prüfstandsseitigen Untersuchungen zum Verhalten des Luftpfad-Regelungssystems bestätigen die geringen Regelabweichungen von Ladedruck und Sauerstoffgehalt in den städtischen Phasen des NEFZ und WLTC. Systembedingte Trägheiten werden durch die Verbrennungsregelung ausgeglichen.

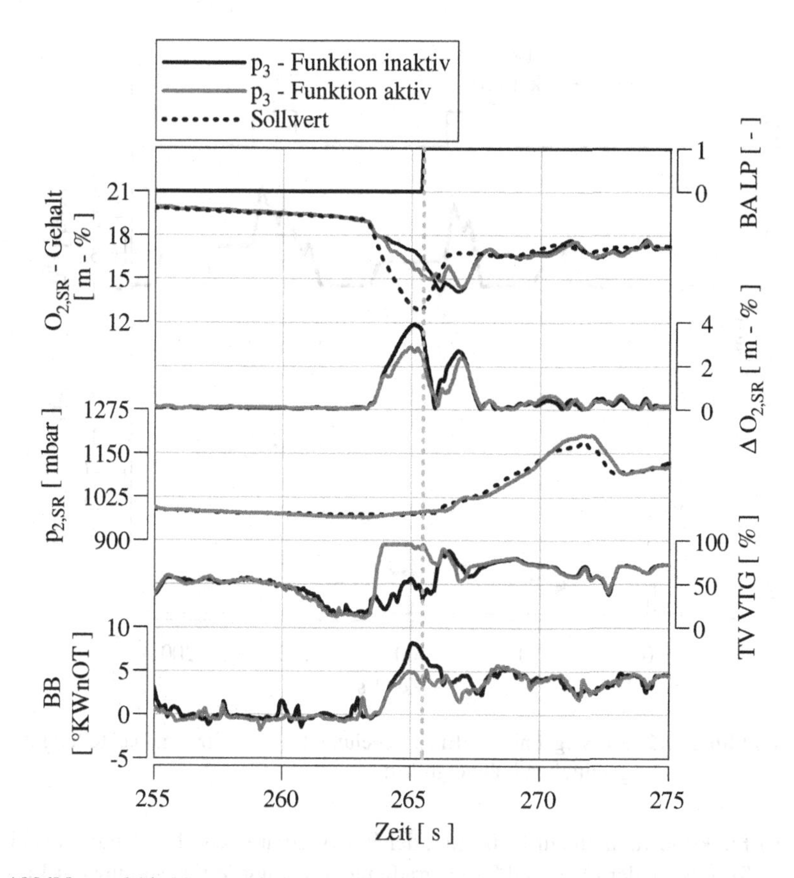

Abbildung 6.11: Messergebnisse WLTC Ausschnitt: Potential der O_2-Priorisierungsfunktion

6.4 Die Regelung der Einspritzung

Das folgende Unterkapitel basiert auf den Prüfstandsergebnissen aus [3] zur Regelung des Kraftstoffpfads bei teilhomogener Verbrennung. Die Luftpfadregelung erfolgt durch den in dieser Arbeit vorgestellten Funktionsrahmen. Für die Bewertung des Motormehrgrößenregelungssystems ist die Darstellung der Messergebnisse aus [3] von wesentlicher Bedeutung. Eine wichtige Eingangsgröße für die Kraftstoffpfadregelung stellt die virtuelle Bestimmung des Sauerstoffgehalts im Saugrohr dar. In Abbildung 6.12 sind die Messergebnisse der Einspritzregelung veranschaulicht.

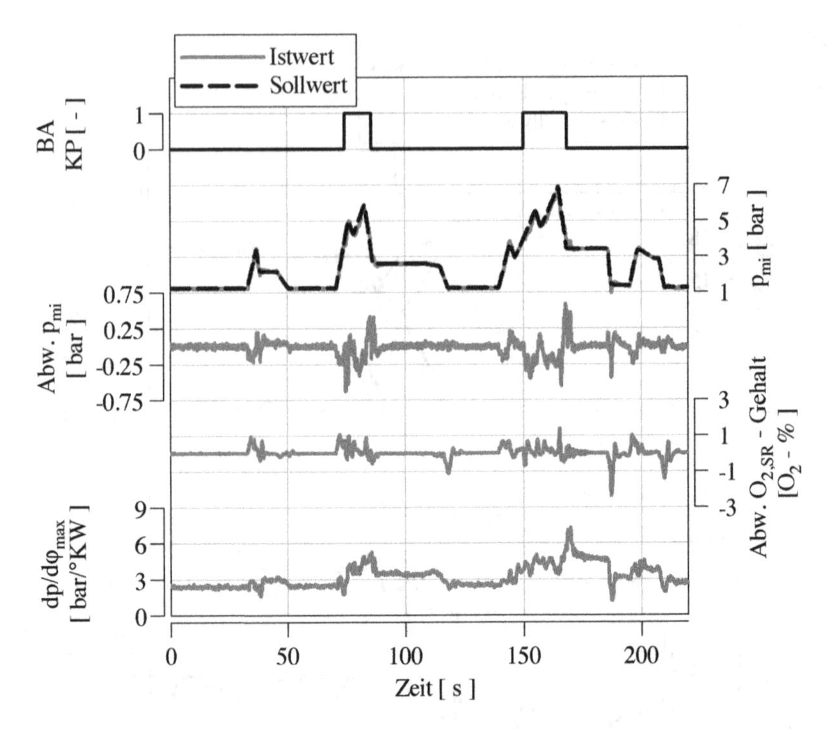

Abbildung 6.12: Messergebnisse NEFZ: Regelung der Einspritzung, Darstellung der gemittelten Indiziergrößen

Der Funktionsrahmen zur Definition der Einspritzparameter beinhaltet die beiden Strukturen der Last- und Druckgradientenregelung. Zur Regelung der Last wird als Führungsgröße der indizierte Mitteldruck verwendet. Als Stellglied dient die Einspritzdauer.

Über einen PI-Regler mit modellbasierter Vorsteuerung erfolgt die Berechnung der Einspritzdauer. Ein empirisches Kraftstoffmassenmodell berücksichtigt die Querbeeinflussung der Raildruckregelung auf die Lastregelung. Die zylinderindividuelle Regelung gleicht Modellfehler aus und egalisiert Unterschiede der Indiziergrößen zwischen den Zylindern. Die Regelung der Last im WLTC-Low ist in Abbildung 6.13 dargestellt.

Um in transienten Phasen die maximalen Brennraumdruckgradienten aufgrund von Regelabweichungen des Luftpfadsystems zu begrenzen, wird durch den Funktionsrahmen der Motorschutzregelung die Verbrennung bei Sauerstoffüberschuss in die Expansionsphase verschoben. Die modellbasierte Struktur zur Regelung des indizierten Mitteldrucks ermöglicht für das gesamte Fahrprofil ein Führungsverhalten mit geringen Sollwertabweichungen. Speziell während Umschaltphasen des Betriebsmodus ist das empirische Kraftstoffmassenmodell wesentlich für das Führungsverhalten verantwortlich und gleicht Abweichungen der Raildruckregelung aus.

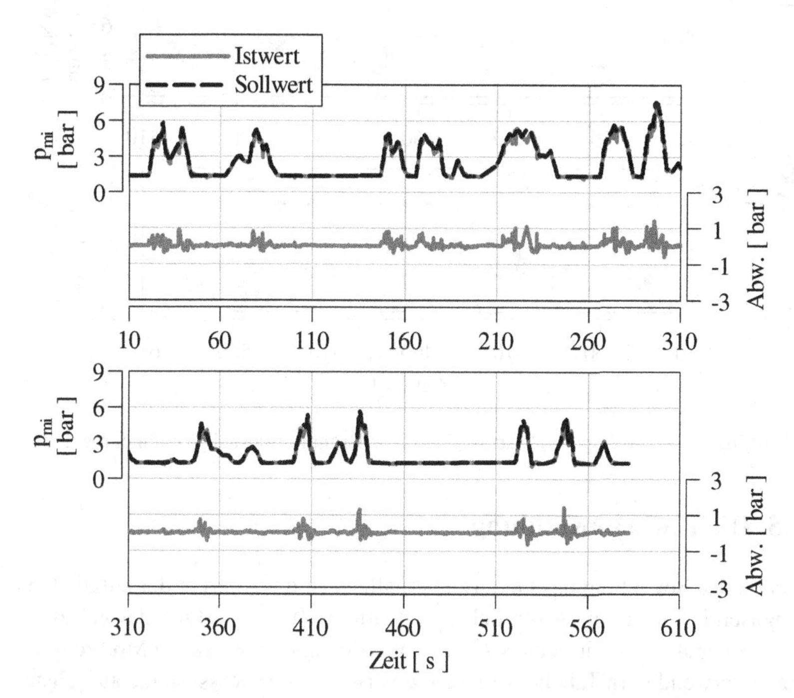

Abbildung 6.13: Messergebnisse WLTC-Low: Lastregelung

Die Verwendung des empirischen Modells zur Verknüpfung des Sauerstoffgehalts im Saugrohr mit dem Algorithmus zur Bestimmung des Einspritzwinkels ermöglicht die Begrenzung des Brennraumdruckgradienten auf einen Wert von 6 bar/°KW. Lediglich während des Betriebsartenwechsels wird der Grenzwert kurzzeitig überschritten. Das Fehlverhalten begründet sich durch eine Sollwertabweichung der Last. Analog zu den Ergebnissen des NEFZ treten beim WLTC die Sollwertabweichungen hauptsächlich während Betriebsmodiwechsel auf. Der Funktionsrahmen zur geregelten Betriebsartenumschaltung ermöglicht einen lastneutralen Wechsel zwischen homogenisierter und konventioneller Dieselverbrennung. Das Verhalten der Druckgradientenregelung im WLTC-Low ist in Abbildung 6.14 dargestellt. Trotz größerer Abweichungen der Sauerstoffregelung ermöglicht die Verwendung des vorgestellten Funktionsrahmens eine Begrenzung der maximalen Brennraumdruckgradienten.

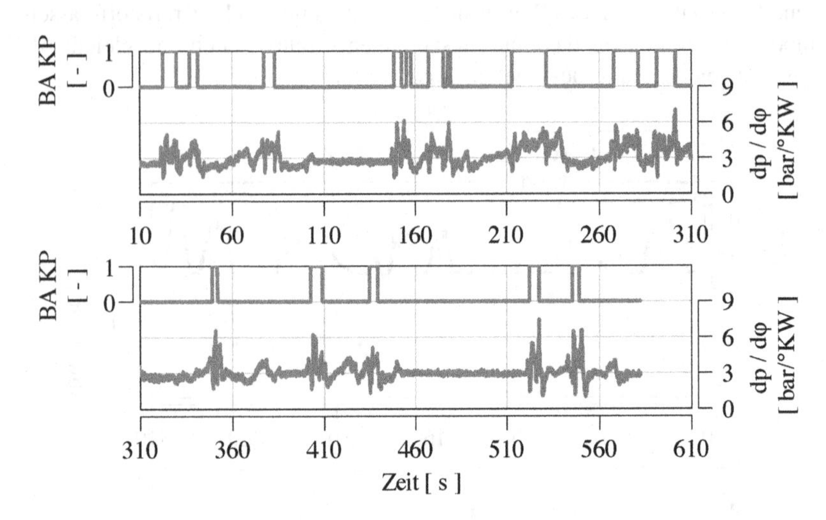

Abbildung 6.14: Messergebnisse WLTC-Low: Brennraumdruckgradientenregelung

6.5 Die Emissionsbildung

Neben der Bewertung des Geräuschverhaltens ist die Analyse der anfallenden Abgasemissionen von wesentlicher Bedeutung. Zur Bewertung des gesamten Funktionsrahmens wird eine schnelle Emissionsmesstechnik am Motorenprüfstand verwendet. In Tabelle 6.1 sind die verwendeten Messsysteme aufgelistet.

Tabelle 6.1: Schnelle Emissionsmesstechnik [3]

Bezeichnung	Emissionstyp	Totzeit	T90-Zeit
Cambustion CLD 500	NO	4,6 s	1,2 s
Cambustion Fast FID	HC	5 s	4 s
AVL Micro Soot Sensor	Ruß	> 1 s	1 s

Die geringen Tot- und Verzögerungszeiten der Messsysteme zur Bestimmung der Stickoxidemissionen und unverbrannten Kohlenwasserstoffe ermöglichen eine zeitliche Zuordnung zu den Steuergerät- und Indiziergrößen. Lediglich bei der Bestimmung der Rußkonzentration entstehen größere Verzögerungen. In Abbildung 6.15 sind die Messergebnisse des NEFZ-Stadtprofils dargestellt.

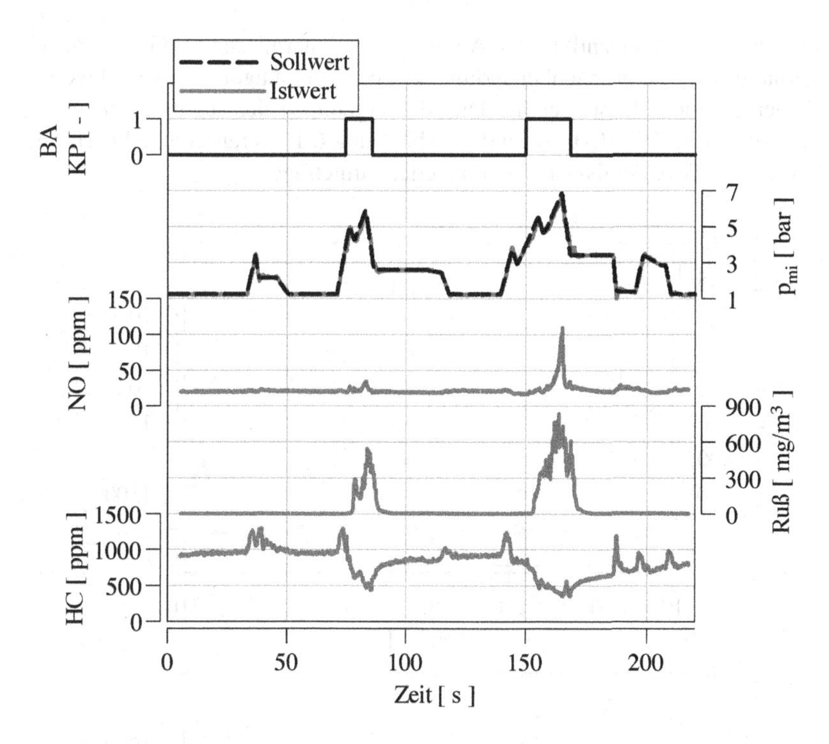

Abbildung 6.15: Messergebnisse städtischer Bereich NEFZ [3]: Emissionen

Die Kombination aus Homogenisierung und hohem Restgasgehalt im Brennraum führt im teilhomogenen Betriebsbereich zu sehr geringen Stickoxid- und Rußemissionen. Die niedrigen Brennraumtemperaturen hingegen beeinflussen den Umsetzungswirkungsgrad negativ. Eine Erhöhung der unverbrannten Kohlenwasserstoffemissionen ist die Folge. Speziell während Beschleunigungsphasen mit teilhomogenem Brennverfahren oder Betriebsartenwechsel führt ein Sauerstoffüberschuss zu einer Verschiebung der Verbrennung in die Expansionsphase. Die Messergebnisse zeigen in diesen Phasen einen deutlichen Anstieg der unverbrannten Kohlenwasserstoffemissionen. Ein reduzierter innerer Wirkungsgrad ist das Resultat. Bei konventioneller Dieselverbrennung führen die schlechtere Homogenisierung und die höheren Brennraumtemperaturen zu einer verstärkten Ruß- und Stickoxidbildung. Unter Berücksichtigung der entstehenden HC-Emissionen beschränkt sich der praktisch umsetzbare Anwendungsbereich der homogenisierten Dieselverbrennung auf Betriebspunkte mit aktiv umsetzendem Dieseloxidationskatalysator. In den vorgestellten Versuchen wird das Temperaturniveau des Katalysators nicht im Funktionsrahmen berücksichtigt. Zur Abbildung des thermischen und chemischen Verhaltens der Abgasnachbehandlung im Steuergerätalgorithmus sind weitere Steuergerätmodelle notwendig. Die Messergebnisse der angefallenen Abgasemissionen im WLTC-Low sind in Abbildung 6.16 veranschaulicht. Hierbei sind die Stickoxidemissionen exponentiell aufgetragen.

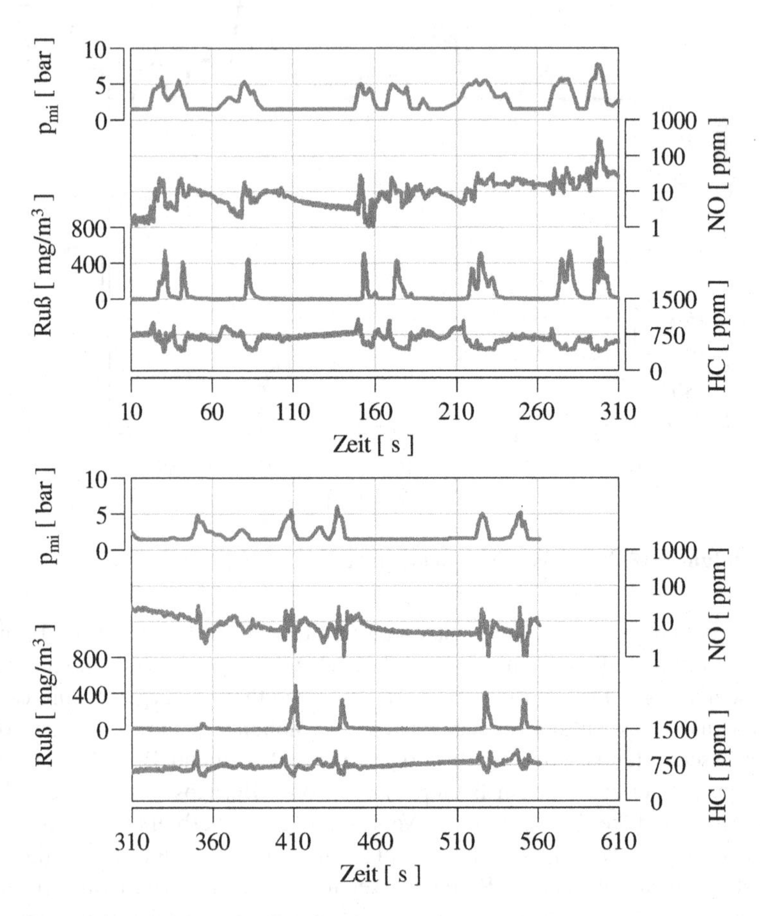

Abbildung 6.16: Messergebnisse WLTC-Low [3]: Emissionen

Rußbildung tritt ausschließlich bei konventioneller Dieselverbrennung in Erscheinung. Das Luft- und Kraftstoffpfadregelungssystem ermöglicht für beide Brennverfahren die Umsetzung einer stickoxidarmen Applikation. In teilhomogenen Betriebsbereichen wird dadurch die HC-Bildung verstärkt. Ein aktiv umsetzender Dieseloxidationskatalysator ist daher zwingend notwendig. Bei konventioneller Dieselverbrennung steigen durch höhere AGR-Raten die Rußemissionen.

6.6 Die Simulationsergebnisse

Die finale Validierung der MiL-Simulationsumgebung erfolgt anhand der Profile des NEFZ und WLTC. Abbildung 6.17 zeigt den Vergleich der Mess- und Simulationsergebnisse des Neuen Europäischen Fahrzyklus.

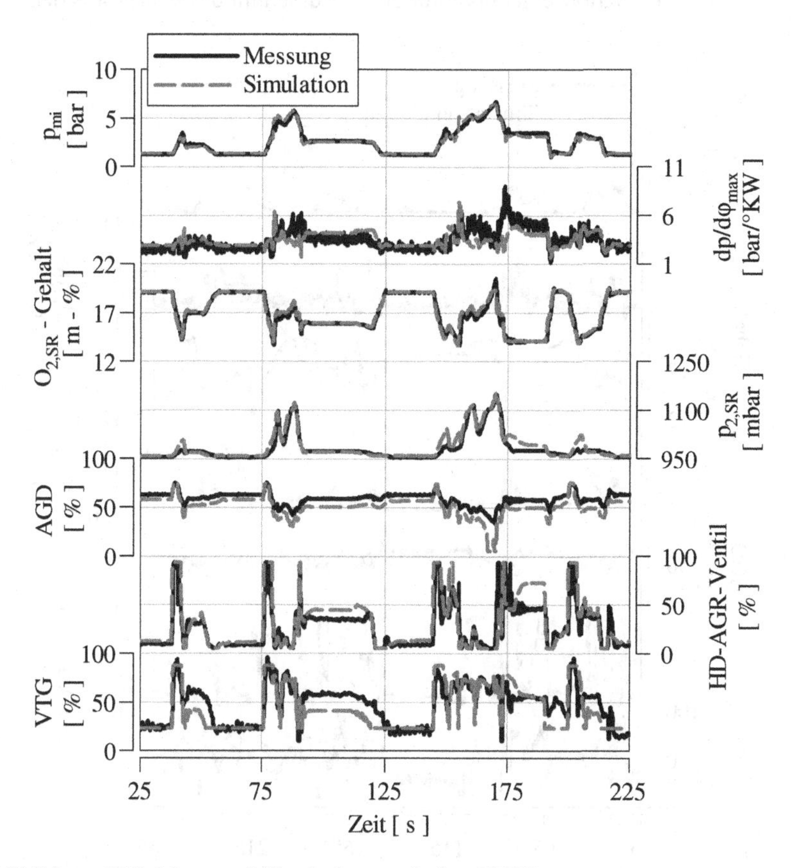

Abbildung 6.17: Mess- und Simulationsergebnisse NEFZ

Bei gleichem Applikationsstand werden die luftpad- und verbrennungsrelevanten Parameter der Messung durch den virtuellen Motor mit einer hohen Güte vorhergesagt. Ungenauigkeiten des Kraftstoffmassenmodells auf dem Steuergerät verursachen am Prüfstand höhere Brennraumdruckgradienten. Da in MiL-Umgebung aus Rechenzeitgründen ebenfalls das vereinfachte Kraftstoffmassenmodell verwendet wird, können diese Effekte durch die Simulationsumgebung nicht abgebildet werden. Zusätzlich zum Profil des NEFZ wird die Abbildungsgüte der Simulationsumgebung anhand der Messergebnisse des WLTC untersucht. Neben der hohen Berechnungsqualität der Indiziergrößen ist ebenfalls eine Übereinstimmung des Verhaltens der Luftpfadaktorik in der Messung und Simulation vorhanden. Abbildung 6.18 stellt den Vergleich der Mess- und Simulationsergebnisse für einen Ausschnitt des Fahrprofils dar.

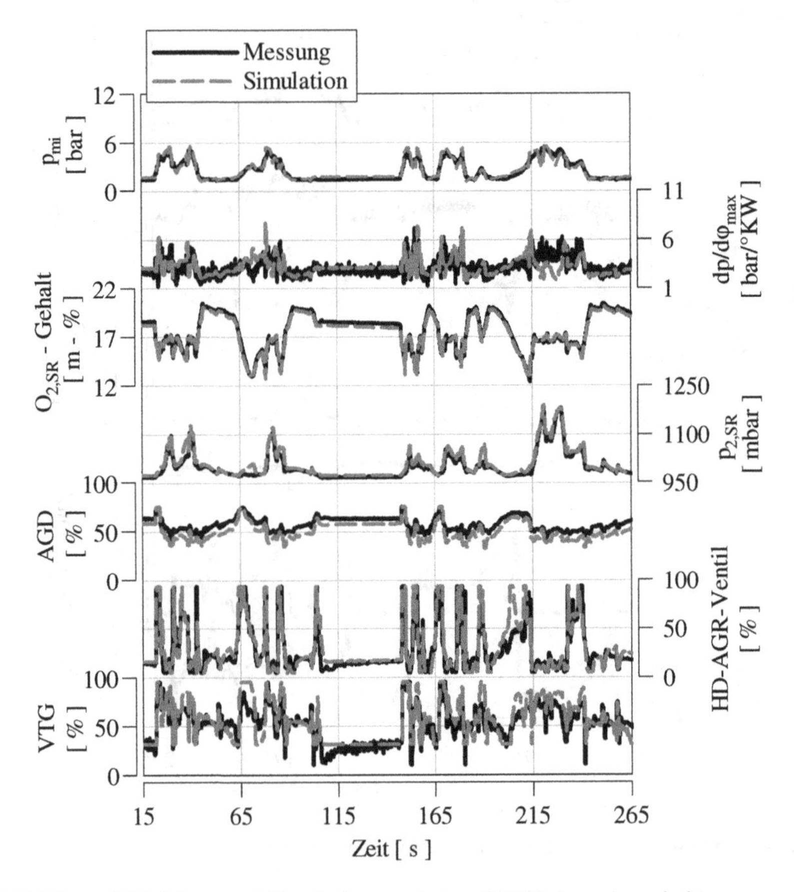

Abbildung 6.18: Mess- und Simulationsergebnisse WLTC-Low Ausschnitt

Die Kombination aus der eindimensionalen Vereinfachnung des Strömungspfads und der nulldimensionalen phänolomenologischen Modellierung der Verbrennung ermöglicht eine Reproduzierbarkeit der Messergebnisse durch den virtuellen Verbrennungsmotor. Die Stellglieder des Motors werden in der Simulation nicht fest vorgeben, sondern durch die angekoppelte Steuergerätsoftware errechnet. Die Ergebnisse bestätigen die hohe Qualität der MiL-Umgebung und verdeutlichen das Potential des simulationsgestützten Funktionsentwicklungsprozesses. Der in der Simulation abgebildete Kennfeldbereich ist nicht nur auf die teilhomogene Verbrennung limitiert. Durch die Möglichkeit der Simulation eines Betriebsartenwechsels wird die Analyse gesamter Fahrprofile ermöglicht. Wie die Simulationsergebnisse außerhalb des teilhomogenen Betriebs verdeutlichen, ist eine virtuelle Entwicklung von Steuergerätfunktionen ebenfalls in konventionellen Dieselbetriebsphasen möglich.

7 Schlussfolgerung und Ausblick

Basierend auf umfangreichen Sensitivitätsanalysen wurde in dieser Arbeit ein Luftpfadregelungssystem für die homogenisierte Dieselverbrennung mit Betriebsartenumschaltung vorgestellt. Die Verlagerung der Funktionsentwicklung auf eine virtuelle Ebene führte zu einer Optimierung des Gesamtprozesses. Durch die Kopplung des Steuergerätalgorithmus und des virtuellen Verbrennungsmotors wurde eine Model-in-the-Loop Simulationsumgebung aufgebaut. Die Vorhersage- und Extrapolationsfähigkeit des Motormodells stand dabei im Fokus. Durch die eindimensionale Vereinfachung der Navier-Stokes-Gleichungen und die Verwendung phänomenologischer Brennverlaufsmodelle wurde eine hohe Abbildungsgenauigkeit des Strömungspfads und der Verbrennung erreicht. Die zunächst in der MiL-Umgebung entwickelten Funktionen wurden anschließend am Motorenprüfstand mit einem Rapid-Prototyping Steuergerät überprüft. Für die Versuche stand ein Prüfstand mit einem V6-Dieselmotor zur Verfügung. Die Ergänzung der bestehenden Motorkonfiguration durch eine niederdruckseitige Abgasrückführung ermöglichte die Erweiterung der Anwendungsgrenzen der homogensierten Dieselverbrennung.

Die Unterstützung des entwickelten Mehrgrößenregelungssystems durch echtzeitfähige Steuergerätmodelle führte zu einem verbesserten Führungsverhalten während transienter Motorbetriebsphasen. Zur Regelung der Abgasrückführmenge des ND-AGR-Pfads wurde ein Sauerstoffregelkreis mit einer modellbasierten Vorsteuerung in Form eines invertierten Streckenmodells präsentiert. Eine Lambdasonde direkt nach dem Verdichter war zur Bestimmung des Sauerstoffgehalts notwendig. Der Ausgleich des Totzeit- und Trägheitsverhaltens der niederdruckseitigen Abgasrückführung erfolgte durch den HD-AGR-Pfad. Das Tot- und Trägheitsmodell der Ansaugstrecke, das invertierbare HD-AGR Streckenmodell und das Sauerstoffbilanzmodell des Brennraums ermöglichten eine modellbasierte Steuerung der HD-AGR Aktorik ohne Regelung. Neben dem Sauerstoffgehalt im Einlasskrümmer wurde der Ladedruck als eine weitere wichtige Führungsgröße der homogenisierten Dieselverbrennung definiert. Zur Regelung des Ladedrucks wurde eine modellbasierte und adaptive Regelstruktur vorgestellt. Die Berechnung der Aktorikansteuerung erfolgte während transienter Phasen durch ein invertiertes Turboladermodell. Innerhalb der städtischen Anteile des NEFZ und WLTC zeichnete sich das Mehrgrößenregelsystem durch ein gutes Führungsverhalten aus. Größere Sollwertabweichungen während transienter Phasen begründeten sich durch hardwarebedingte Limitierungen. In Verbindung mit dem Verbrennungsregelungssystem aus [3] konnte eine signifikante Reduktion der Stickoxid- und Rußemissionen während teilhomogener Betriebsphasen nachgewiesen werden. Der virtuell ermittelte Sauerstoffgehalt im Saugrohr stellt eine wichtige Eingangsgröße für die modellbasierte Druckgradientenregelung dar. Bedingt durch die schnelle Wärmefreisetzung ist das alternative Brennverfahren im Vergleich zur konventionellen Dieselverbrennung durch höhere maximale Brennraumdruckgradienten charakterisiert. Das Mehrgrößenregelungssystem aus Luft- und Kraftstoffpfadregelung ermöglichte eine Begrenzung der Brennraumdruckgradienten.

Eine Umsetzung des vorgestellten Funktionsrahmens auf einem serienmäßigen Motorsteuergerät würde eine Reduktion der benötigen Rechenkapazität des modellbasierten Regelalgorithmus erfordern. Unter Verwendung mathematischer Ansätze könnten die vorgestellten Steuergerätmodelle weiter vereinfacht werden. Die Verknüpfung der Ein- und Ausgangsgrößen der Modelle könnte über Regressionsanalysen oder künstliche neuronale Netze erfolgen.

Das Sauerstoffregelungssystem dieser Arbeit stützt sich auf das Sensorsignal der Lambdasonde nach dem Verdichter. Die Entwicklung eines Füllungsmodells des Verbrennungsmotors könnte das Sondensignal durch einen virtuellen Sensor ersetzen. In Kombination mit dem HD-AGR-Streckenmodell und den Massenstromkorrekturansätzen für transiente Phasen wird durch das Füllungsmodell eine modellbasierte Rückrechnung des ND-AGR-Massenstroms und des Sauerstoffgehalts nach dem Verdichter ermöglicht. Das nachgeschaltete Sauerstoffregelungssystem könnte weiter bestehen bleiben. Eine Umsetzung des präsentierten Luftpfadregelungssystems in der Serie erfordert des Weiteren die Berücksichtigung des Verschmutzungs- und Versottungseffekts der HD-AGR-Strecke durch rückgeführte Ruß- und HC-Emissionen. Zur Bestimmung des veränderten Drosselverhaltens ist wiederum ein Füllungsmodell des Motors notwendig. Über die Zylinderfüllung, die Luftmassenmessung und die Massenstromkorrekturfunktionen für transiente Phasen könnte ein Referenzwert des HD-AGR-Massenstroms errechnet werden. Durch eine fortlaufende Integration der HD-AGR-Massenstromdifferenz des Γ-Modells und des Referenzwerts in Betriebsphasen ohne niederdruckseitige Abgasrückführung könnte eine Online-Anpassung des Γ-Modells erfolgen.

Neben der Reduktion der Stickoxid- und Rußemissionen im teilhomogenen Betriebsbereich verdeutlichten die Prüfstandsergebnisse den signifikanten Anstieg der unverbrannten Kohlenwasserstoff- und Kohlenmonoxidemissionen. Die niedrigen Verbrennungstemperaturen des alternativen Brennverfahrens verursachten eine deutliche Verminderung des Kraftstoffumsetzungsgrads. Darüber hinaus wurde durch das Druckgradientenregelungssystem aufgrund luftpfadseitiger Trägheiten der Brennbeginn in die Expansionsphase verschoben, wodurch eine verstärkte HC- und CO-Bildung resultierte. Zukünftig müssen Wege gefunden werden diese Emissionsanteile zu limitieren. Generell kann bei einem einfachen Abgasnachbehandlungssystem aus Dieseloxidationskatalysator und Partikelfilter nicht gewährleistet werden, dass die Light-Off Temperatur des Katalysators im teilhomogenen Betriebsbereich immer erreicht wird. Ein elektrisch unterstützter Dieseloxidationskatalysator hingegen bietet die Möglichkeit, anfallende HC- und CO-Emissionen bereits bei niedrigen Abgastemperaturen zu oxidieren [12]. In Verbindung mit einem 48 V-Bordnetz eines Dieselhybrids ergeben sich weitere Vorteile bezüglich der Luft- und Kraftstoffpfadregelung. Die Entkopplung der Lastanforderung vom Fahrzeug und Verbrennungsmotor durch die elektrischen Komponenten eröffnet die Möglichkeit zur Umsetzung einer luftpfadgeführten Lastregelung. Dabei wird die eingespritzte Kraftstoffmenge hauptsächlich durch die luftpfadseitigen Randbedingungen bestimmt. Die Verbrennungsregelung müsste durch die Phlegmatisierung des Verbrennungsmotors nur noch bei einem Betriebsartenwechsel den Brennbeginn in die Expansionsphase verschieben. Eine Entschärfung der schlagartigen Änderungen im Motorengeräusch könnte durch die luftpfadgeführte Lastregelung erreicht werden.

Die Ergebnisse dieser Arbeit verdeutlichen das Potential der homogenisierten Dieselverbrennung zur gleichzeitigen Reduktion der Stickoxid- und Rußemissionen während urbaner Fahrprofile. Die geringere Beladung des Dieselpartikelfilters wird zu einer Reduktion der Regenerationsphasen und des Kraftstoffverbrauchs führen.

Literaturverzeichnis

[1] AMMANN, M.: Modellbasierte Regelung des Ladedrucks und der Abgasrückführung beim aufgeladenen PKW-Common-Rail-Dieselmotor, ETH Zürich, Dissertation, 2003

[2] ARNOLD, J. ; LANGLOIS, N. ; CHAFOUK, H.: Fuzzy controller of the air system of a diesel engine: Real-time simulation. In: Science Direct / European Journal of Operational Research (2009)

[3] AUERBACH, C.: Zylinderdruckbasierte Mehrgrößenregelung des Dieselmotors mit teilhomogener Verbrennung, Universität Stuttgart, Dissertation, 2016

[4] BÖCKH, P. von ; WETZEL, T.: Wärmeübertragung. Springer Verlag, 2009

[5] BAEHR, H. ; STEPHAN, K.: Wärme- und Stoffübertragung. Springer Verlag, 2008

[6] BARBA, C.: Erabeitung von Verbrennungskennwerten aus Indizierdaten zur verbesserten Prognose und rechnerischen Simulation des Verbrennungsablaufes bei Pkw-DE-Dieselmotoren mit Common-Rail-Einspritzung, ETH Zürich, Dissertation, 2001

[7] BARGENDE, M.: Ein Gleichungsansatz zur Berechnung der instationären Wandwärmeverluste im Hochdruckteil von Ottomotoren, Technische Hochschule Darmstadt, Dissertation, 1991

[8] BARGENDE, M.: Zukunft der Motorprozessrechnung. In: Motortechnische Zeitschift (2015)

[9] BENEDIKT, M. ; WATZENIG, D. ; ZEHETNER, J.: Steuergerät-Funktionsentwicklung durch Co-Simulation und Modellbibliothek. In: Automobiltechnische Zeitschrift Elektronik (03/2015)

[10] BERTRAM, C. ; REZAEI, R. ; TILCH, B. u. a.: Euro-VI-Motorenentwicklung mittels modellbasierte Kalibrierung. In: 2. Internationaler Motorenkongress, Baden-Baden (2015)

[11] BESSAI, C. ; STÖLTING, E. ; GRATZKE, R.: Virtueller Sauerstoffsensor im Einlasskrümmer eines Dieselmotors. In: Motortechnische Zeitschrift (11/2011)

[12] BOLAND, D.: Wirkungsgradoptimaler Betrieb eines aufgeladenen 1,0 l Dreizylinder CNG Ottomotors innerhalb einer parallelen Hybridarchitektur, Universität Stuttgart, Dissertation, 2011

[13] BUNDESMINISTERIUM FÜR UMWELT, NATURSCHUTZ, BAU UND REAKTORSICHERHEIT: Die EU-Verordnung zur Verminderung der CO_2-Emissionen von Personenkraftwagen (Stand 05/2016). www.bmub.bund.de

[14] BURKERT, A.: WLTP heizt die CO_2-Debatte an. In: Automobiltechnische Zeitschrift (08/2014)

[15] CATANIA, A. ; FINESSO, R. ; SPESSA, E.: Real-Time Calculation of EGR Rate and Intake Charge Oxygen Concentration for Misfire Detection in Diesel Engines. In: SAE International (2011-24-0149)

[16] CHIODI, M.: An Innovative 3D-CFD-Approach towards Virtual Development of Internal Combustion Engines. Vieweg und Teubner Verlag, 2011

[17] CIESLAR, D. ; DICKINSON, P. ; DARLINGTON, A. u. a.: Model based approach to closed loop control of 1-D engine simulation models. In: Science Direct / Control Engineering Practice (2014)

[18] CLOUDT, R. ; BAERT, R. ; WILLEMS, F. u. a.: SCR-basiertes Konzept für Euro VI bei schweren Nutzfahrzeugen. In: Motortechnische Zeitschift (09/2009)

[19] DOLL, G. ; SCHOMMERS, J. ; LINGENS, A. u. a.: Der Motor OM642 - Ein kompaktes, leichtes und universelles Hochleistungsaggregat von Mercedes-Benz. In: 26. Internationales Wiener Motorensymposium, 2005

[20] DREWS, P.: Identifikation und modellbasierte Regelung des Dieselmotors mit Niedertempeatur-Verbrennung, RWTH Aachen, Dissertation, 2011

[21] EL HADEF, J. ; COLIN, G. ; TALON, V. u. a.: Neural Model for Real-Time Engine Volumetric Efficiency Estimation. In: SAE International (2013-24-0132)

[22] ELBERT, P. ; BARRO, C. ; AMSTUTZ, A.: Steuer- und Regelkonzepte für Dieselmotoren mit virtuellen NOx- und PM-Sensoren: Automatisierte Sollwertgenerierung für individuell wählbare Emissionstrategien / ETH Zürich. 2015. – FVV - Vorhaben Nr. 1140

[23] ESPIG, S.: Beitrag zur Eintwicklung eines Einspritzsystems für ein teilhomogenes Brennverfahren in Pkw-Dieselmotoren, Universität Stuttgart, Dissertation, 2013

[24] FIGER, G.: Homogene Selbstzündung und Niedertemperaturbrennverfahren für direkteinspritzende Dieselmotoren mit niedrigsten Partikel- und Stickoxidemissionen, Technische Universität Graz, Dissertation, 2003

[25] FISCHER, U. ; GOMERING, R. ; HEINZLER, M. u. a.: Tabellenbuch Metall. Verlag Europa Lehrmittel, 2005

[26] FKFS: Bedienungsanleitung zur GT-Power-Erweiterung FkfsUserCylinder. Version 2.5.0

[27] FRANK-KAMENETZKI, D.: Stoff- und Wärmeübertragung in der chemischen Kinetik. Springer Verlag, 1959

[28] GABLER, J. ; KÖHLER, D. ; HEINZLER, T. u. a.: Steuergerät-Funktionsentwicklung Offine-Applikation und -Validierung. In: Automobiltechnische Zeitschrift Elektronik (05/2010)

[29] GAMBAROTTA, A. ; LUCCHETTI, G. ; FIORANI, P. u. a.: A thermodynamic Mean Value Model of the intake and exhaust system of a turbocharged engine for HiL/SiL applications. In: SAE International (2009-24-0121)

[30] GAMBAROTTA, A. ; RUGGIERO, A. ; SCIOLLA, M. u. a.: HIL/SIL System zur Simulation von aufgeladenen Dieselmotoren. In: Motortechnische Zeitschrift (02/2012)

[31] GAMMA TECHNOLOGIES: GT-SUITE Flow Theory Manual. Version 7.4

[32] GARCIA-NIETO, S. ; MARTINEZ, M. ; BLASCO, X. u. a.: Nonlinear predictive control based in local model networks for air management in diesel engines. In: Science Direct / Control Engineering (2008)

[33] GOLLOCH, R.: Downsizing bei Verbrennungsmotoren. Springer Verlag, 2005

[34] GRAGLIA, R. ; CATANESE, A. ; PARISI, F. u. a.: Die neue Dieselmotor-Steuerung von General Motors. In: Motortechnische Zeitschift (02/2011)

[35] GRILL, M.: Objektorientierte Prozessrechnung von Verbrennungsmotoren, Universität Stuttgart, Dissertation, 2006

[36] GRILL, M. ; SCHMID, A. ; RETHER, D.: Quasi-Dimensional and Empirical Modeling of Compression-Ignition Engine Combustion and Emission. In: SAE International (2010-01-0151)

[37] HAAS, S.: Experimentelle und theoretische Untersuchung homogener und teilhomogener Dieselbrennverfahren, Universität Stuttgart, Dissertation, 2007

[38] HESSELER, F.: Objektorientierte Modellierung und modellbasierte prädiktive Regelung eines Dieselmotorluftpfades mit zwei Abgasrückführstrecken, RWTH Aachen, Dissertation, 2012

[39] HEINLE, M.: Ein verbesserter Berechnungsansatz zur Bestimmung der instationären Wandwärmeverluste in Verbrennungsmotoren, Universität Stuttgart, Dissertation, 2014

[40] HENLE, A.: Entkopplung von Gemischbildung und Verbrennung bei einem Dieselmotor, Technische Universität München, Dissertation, 2006

[41] HEYWOOD, J. ; DUFFY, A. (Hrsg.) ; MORRISS, J. (Hrsg.): Internal Combustion Engine Fundamentals. McGraw-Hill Verlag, 1988

[42] HOHENBERG, G.: Experimentelle Erfassung der Wandwärme in Kolbenmotoren, Technische Universität Graz, Dissertation, 1980

[43] HOUBEN, H. ; MARTO, A. ; PECHHOLD, F. u. a.: Pressure sensor glow plug for diesel engines. In: Motortechnische Zeitschift worldwide (11/2004)

[44] HUBER, K.: Der Wärmeübergang schnelllaufender, direkteinspritzender Dieselmotoren, Technische Universität München, Dissertation, 1990

[45] HUMKE, D.: Analysis of Multivariable Controller Designs for Closed-Loop Diesel Engine Air System Control. In: SAE International (2013-01-0327)

[46] ISERMANN, R.: Modellbasierte Entwicklung von Motorsteuerungen und -regelungen. In: Motortechnische Zeitschrift (03/2014)

[47] JUSTI, E.: Spezifische Wärme, Enthalpie, Entropie und Dissoziation technischer Gase. Springer Verlag, 1938

[48] KÖRFER, T. ; RUHKAMP, L. ; HERRMANN, O. u. a.: Verschärfte Anforderungen an die Luftpfadregelung bei Nutzfahrzeugmotoren. In: Motortechnische Zeitschift (11/2008)

[49] KÖRFER, T. ; SCHNORBUS, T. ; MICCIO, M. u. a.: Emissionsbasierte AGR-Strategien für RDE beim Dieselmotor. In: Motortechnische Zeitschrift (09/2014)

[50] KHALED, N. ; CUNNINGHAM, M. ; PEKAR, J. u. a.: Multivariable Control of Dual Loop EGR Diesel Engine with a Variable Geometry Turbo. In: SAE International (2014-01-1357)

[51] KLINGMANN, R. ; FICK, W. ; BRÜGGEMANN, H.: Die neuen Common-Rail-Dieselmotoren mit Direkteinspritzung in der modellgepflegten E-Klasse. In: Motortechnische Zeitschift (07-08/1999)

[52] KOWALCZYK, M. ; ISERMANN, R.: Optimierte schnelle Motorvermessung mit Online-Methoden zur Bestimmung von statischen und dynamischen Modellen / Technische Universität Darmstadt. 2012. – FVV - Vorhaben Nr. 1035

[53] KOWALCZYK, M. ; ISERMANN, R.: Erweiterung der Online-Vermessung um aktiv lernende Optimierungsmethoden zur Emissions- und Verbrauchsreduktion / Technische Universität Darmstadt. 2013. – FVV - Vorhaben Nr. 1129

[54] KRATZSCH, M. ; GÜNTHER, M. ; ELSNER, N. u. a.: Modellansätze für die virtuelle Applikation von Motorsteuergeräten. In: Motortechnische Zeitschrift (09/2009)

[55] KRUEGER, M. ; ENNING, M.: VTG-Turbolader und Abgasrückführung / Technische Hochschule Aachen. 1999. – FVV - Vorhaben Nr. 067132

[56] KUMAR, R. ; ZHENG, M.: Fuel Efficiency Improvement of Low Temperature Combustion Diesel Engines. In: SAE International (2008-01-0841)

[57] LARINK, J.: Zylinderdruckbasierte Auflade- und Abgasrückführregelung für PKW-Dieselmotoren, Otto-von-Guericke-Universität Magdeburg, Dissertation, 2005

[58] LIU, B. ; ZHANG, F. ; ZHAO, C. u. a.: A novel lambda-based EGR modulation method for a turbocharged diesel engine under transient operation. In: Science Direct / Energy (2016)

[59] MAIORANA, G. ; SEBASTIANO, G. ; UGAGLIA, C.: Die Common-Rail-Motoren von Fiat. In: Motortechnische Zeitschift (09/1998)

[60] MÜLLER, J.: Entwicklung eines Niedrig-NOx-Brennverfahrens für Pkw-Dieselmotoren, TU München, Dissertation, 2009

[61] MARIANI, F. ; GRIMALDI, C.N. ; BATTISTONI, M.: Diesel engine NOx emission control, An advanced method for the oxygen evaluation in the intake manifold. In: Science Direct / Applied Energy (2014)

[62] MARTIN, G. ; TALON, V. ; PEUCHANT, T. u. a.: Physics based diesel turbocharger model for control purposes. In: SAE International (2009-24-0123)

[63] MASCHMEYER, H. ; KLUIN, M. ; BEIDL, C.: Real Driving Emissions – Ein Paradigmenwechsel in der Entwicklung. In: Motortechnische Zeitschrift 76. Jahrgang (02/2015), S. 36–41

[64] MERKER, G. ; SCHWARZ, C. ; TEICHMANN, R. (Hrsg.): Grundlagen Verbrennungsmotoren. Vieweg+Teubner Verlag, 2012

[65] MIN, K. ; JUNG, D. ; SUNWOO, M.: Air System Modeling of Light-duty Diesel Engines with Dual-loop EGR and VGT Systems. In: Science Direct / International Federation of Automatic Control (2015)

[66] MOLLENHAUER, K. ; TSCHÖKE, H.: Handbuch Dieselmotoren. Springer Verlag, 2007

[67] MUELLER, V. ; CHRISTMANN, R. ; MUENZ, S. u. a.: System Structure and Controller Concept for an Advanced Turbocharger/EGR System for a Turbocharged Passenger Car Diesel Engine. In: SAE International (2005-01-3888)

[68] NATIONS, United: Agreement: Concerning the Adoption of Uniform Technical Prescriptions for Wheeled Vehicles, Equipment and Parts which can be fitted and/or be used on Wheeled Vehicles and the Conditions for Reciprocal Recognition of Approvals Granted on the Basis of these Prescriptions. April 2013

[69] NIELSEN, K. ; BLANKE, M. ; VEJLGAARD-LAURSEN, M.: Nonlinear Adaptive Control of Exhaust Gas Recirculation for Large Diesel Engines. In: Science Direct / International of Automatic Control (2015)

[70] NIKZADFRA, K. ; SHAMEKHI, A.: An extended mean value model for control-oriented modeling of diesel engines transient performance and emissions. In: Science Direct / Fuel (2015)

[71] NISHIO, Y. ; HASEGAWA, M. ; TSUTSUMI, K. u. a.: Model Based Control for Dual EGR System with Intake Throttle in New Generation 1.6L Diesel Engine. In: SAE International (2013-24-0133)

[72] PISCHINGER, R. ; KELL, M. ; SAMS, T. ; LIST, H. (Hrsg.): Thermodynamik der Verbrennungskraftmaschine. Springer Verlag, 2009

[73] PLATNER, S. ; KORDON, M. ; E., Fakiolas u. a.: Modellbasierte Serien-Kalibrierung - Der effiziente Weg für Variantenentwicklung. In: Motortechnische Zeitschrift (10/2013)

[74] PUCHER, H. ; ZINNER, K.: Aufladung von Verbrennungsmotoren. Springer und Vieweg Verlag, 2012

[75] RESS, J. ; STÜTZBECHER, C. ; BOHN, C. u. a.: A Diesel Engine Model Including Exhaust Flap, Intake Throttle, LP-EGR and VGT. Part I: System Modeling. In: Science Direct / International Federation of Automatic Control (2015)

[76] REBECCHI, P.: Fundamentals of Thermodynamic for Pressure-Based Low-Temperature Premixed Diesel Combustion Control, Universität Stuttgart, Dissertation, 2012

[77] REBECCHI, P. ; SEEWALDT, S.: Verbrennungsregelung - Modellbasierte Regelung eines Dieselmotors mit homogener Verbrennung / Universität Stuttgart. 2013. – FVV - Vorhaben Nr. 997

[78] RETHER, D.: Modell zur Vorhersage der Brennrate bei homogener und teilhomogener Dieselverbrennung, Universität Stuttgart, Dissertation, 2012

[79] RETHER, D. ; SCHMID, A. ; BARGENDE, M. u. a.: Quasidimensionale Simulation der Dieselverbrennung mit Vor- und Nacheinspritzungen. In: Motortechnische Zeitschrift (2010)

[80] SALVAT, O. ; MAREZ, P. ; BELOT, G.: Passenger Car Serial Application of a Particulate Filter System on a Common Rail Direct Injection Diesel Engine. In: SAE International (2000-01-0473)

[81] SCHAEFFLER ENGINEERING GMBH: PROtroniC TopLINE Technische Daten. 2012

[82] SCHÜLER, M. ; HAFNER, M. ; ISERMANN, R.: Einsatz schneller neuronaler Netze zur modellbasierten Optimierung von Verbrennungsmotoren. In: Motortechnische Zeitschift (11/2000)

[83] SCHILLING, A. ; ALFIERI, E. ; AMSTUTZ, A.: Regelung der Schadstoffemissionen im geschlossenen Regelkreis / ETH Zürich. 2007. – FVV - Vorhaben Nr. 813

[84] SCHLOZ, E.: Untersuchungen zur homogenen Dieselverbrennung bei innerer Gemischbildung, Universität Karlsruhe, Dissertation, 2003

[85] SCHNORBUS, T. ; SCHAUB, J. ; KÖRFER, T. u. a.: Model-Based Calculation of the Boost Pressure Set Point for Minimized Fuel Consumption for Diesel Engines. In: MTZ Fachtagung Ladungswechsel im Verbrennungsmotor (2012)

[86] SEEWALDT, S.: Entwicklung einer Funktionsstruktur für die zylinderdruckbasierte Regelung der teilhomogenen Dieselverbrennung, Universität Stuttgart, Dissertation, 2013

[87] SHUTTY, J.: Control Strategy Optimization for Hybrid EGR Engines. In: SAE International (2009-01-1451)

[88] SITKEI, G.: Kraftstoffaufbereitung und Verbrennung bei Dieselmotoren. Springer Verlag, 1964

[89] STAN, C.: Alternative Antriebe für Automobile. Springer Verlag, 2008

[90] STEPHAN, P. ; KABELAC, S. ; KIND, M. et a. ; CHEMIEINGENIEURWESEN, VDI-Gesellschaft V. und (Hrsg.): VDI-Wärmeatlas. Springer Verlag, 2013

[91] THE MATHWORKS: Matlab Simulink (Stand 05/2016). www.mathworks.com

[92] TSCHANZ, F. ; AMSTUTZ, A. ; OBRECHT, P. u. a.: Regelungsorientierte Modellbildung der Russemissionen und Regelung der Schadstoffemissionen im Motorbetrieb / ETH Zürich. 2011. – FVV - Vorhaben Nr. 986

[93] TSCHANZ, F. ; AMSTUTZ, A. ; STEUER, J. u. a.: Regelung der Schadstoffemissionen von Dieselmotoren. In: Motortechnische Zeitschrift (02/2014)

[94] UMWELTBUNDESAMT: Grenzwerte für Schadstoffemissionen von PKW (Stand 05/2016). www.umweltbundesamt.de

[95] VAN DER EIJK, H. ; HAKSTEGE, B. ; LINGENS, A. u. a.: Der Paccar-MX-Motor für schwere Nutzfahrzeuge in Nordamerika. In: Motortechnische Zeitschift (06/2011)

[96] VIBE, I.: Brennverlauf und Kreisprozess von Verbrennungsmotoren. VEB Verlag Technik, 1970

[97] WANG, J.: Air fraction estimation for multiple combustion mode diesel engines with dual-loop EGR systems. In: Science Direct / Control Engineering Practice (2008)

[98] WARTHA, J. ; WESTIN, F. ; LEU, A. u. a.: 2,0-L-Biturbo-Dieselmotor von Opel mit Zweistufen-Ladedruckkühlung. In: Motortechnische Zeitschrift (07-08/2012)

[99] WOSCHNI, G.: Die Berechnung der Wandwärmeverluste und der thermischen Belastung der Bauteile von Dieselmotoren. In: Motortechnische Zeitschift (1970)

[100] ZACHARIAS, F.: Analytische Darstellung der thermischen Eigenschaften von Verbrennungsgasen, TU Berlin, Dissertation, 1966

[101] ZENG, X. ; WANG, J.: A physics-based time-varying transport delay oxygen concentration model for dual-loop exhaust gas recirculation engine air-paths. In: Science Direct / Applied Energy (2014)

[102] ZHENG, J. ; MILLER, D. L. ; CERNANSKY, N. P.: A Global Reaction Model for the HCCI Combustion Process. In: SAE International (2004-01-2950)

Anhang

A.1 Niederdruckseitiger Sauerstoffregelkreis

Abbildung A1 zeigt schematisch den Algorithmus der Regelung des Sauerstoffgehalts nach Verdichter. Über die Berechnung der Sollwertabweichung erfolgt die Veränderung des Stellglieds über eine PID-Struktur mit kennfeldbasierter Vorsteuerung. Als Stellgröße wird das ND-Aktorik-Äquivalent Φ definiert.

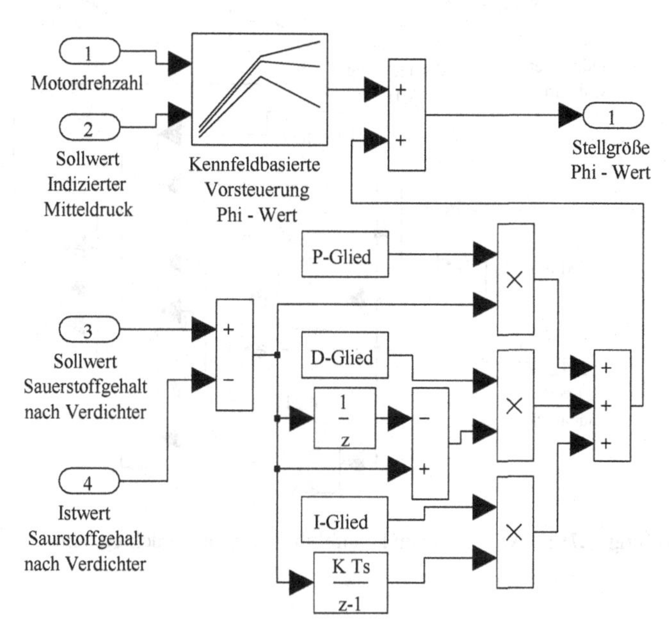

Abbildung A.1: Schema der PID-Regelung mit Vorsteuerung

A.2 Ladedruckregelkreis

In Abbildung A2 ist das Berechnungsschema der Ladedruckregelung dargestellt. Eine Veränderung der Turbinenleitschaufelposition erfolgt auf Basis der errechneten Sollwertabweichung über eine PID-Struktur mit kennfeldbasierter Vorsteuerung.

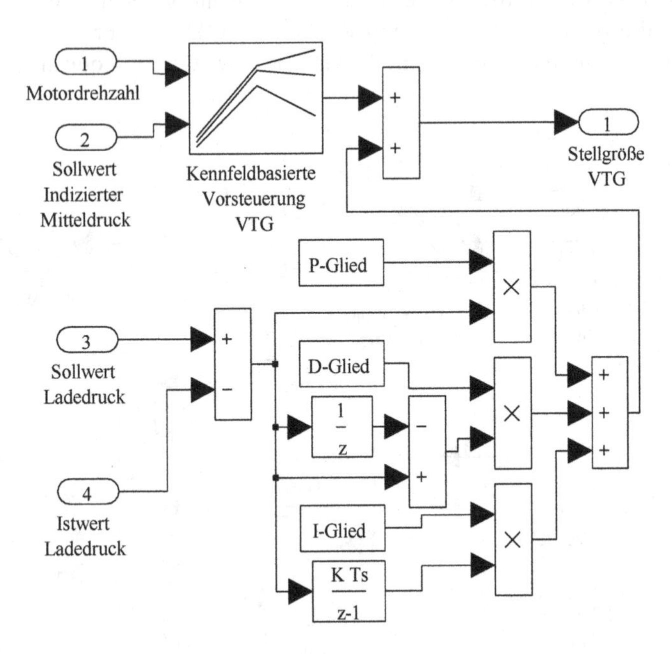

Abbildung A.2: Funktionsrahmen kennfeldbasierte Ladedruckregelung

A.3 Modellbasierte Lastregelung

Abbildung A3 zeigt schematisch den Algorithmus der Lastregelung. Als virtuelle Stellgröße wird die Kraftstoffmasse definiert. Basierend auf der ermittelten Sollwertabweichung wird zunächst die eingespritzte Kraftstoffmasse angepasst. Eine kennfeldbasierte Vorsteuerung unterstützt die Regelung. Abhängig vom aktuellen Raildruck erfolgt über das empirische Kraftstoffmassenmodell die Berechnung der Ansteuerdauer der Haupteinspritzung.

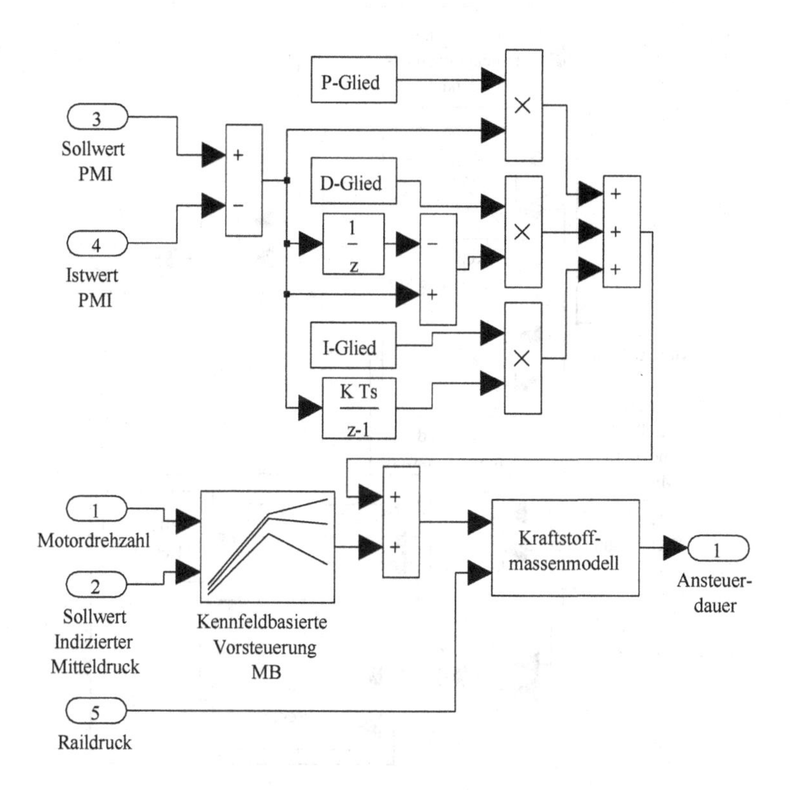

Abbildung A.3: Modellbasierte Lastregelung

A.4 Modellbasierte Druckgradientenregelung

Abbildung A4 zeigt schematisch den Algorithmus der Druckgradientenregelung. Als Stellgröße wird der Einspritzbeginn definiert. Die kennfeldbasierte Vorsteuerung und das empirische Druckgradientenmodell ermöglichen ein verbessertes Führungsverhalten des Reglers. Über den inversen Regler wird eine Verbrennung in der Kompressionsphase verhindert.

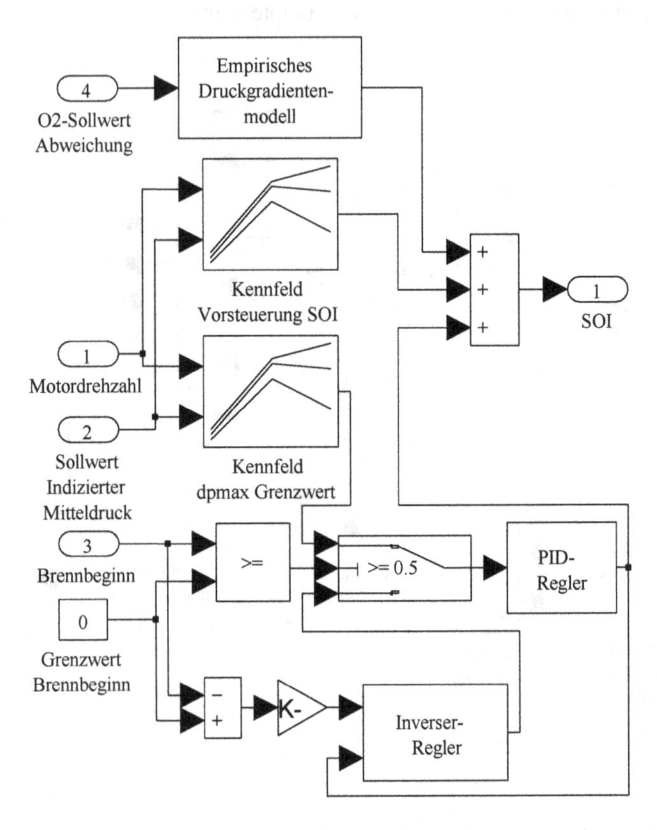

Abbildung A.4: Regelungsschema des Einspritzwinkels

A.5 Ermittlung des Sauerstoffgehalts im Saugrohr

In Abbildung B1 ist das Berechnungsschema des virtuellen Sensors zur Bestimmung des Sauerstoffgehalts im Saugrohr dargestellt. Über eine Iterationsschleife wird der Parameter Γ errechnet. Die Bestimmung des AGR-Massenstroms erfolgt auf Basis der Drosselgleichung des AGR-Kühlers. Über die Sauerstoffmassenbilanz der HD-AGR-Beimischung wird der Sauerstoffgehalt im Saugrohr errechnet.

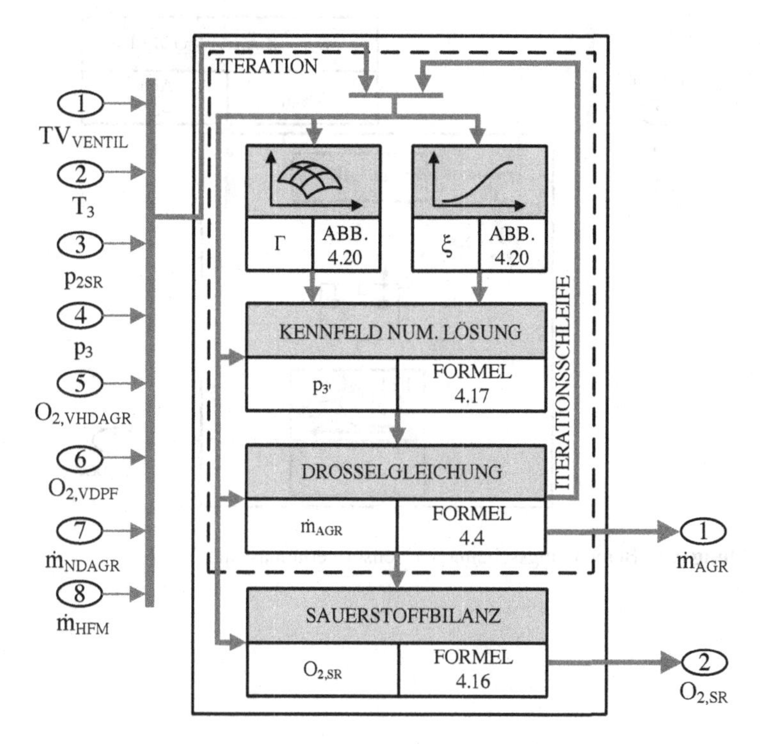

Abbildung A.5: Virtuelle Bestimmung des Sauerstoffgehalts im Saugrohr

A.6 Sensorwertanpassung Sauerstoffbilanzmodell

In Abbildung B2 ist das Berechnungsschema der Sensorwertanpassung dargestellt. Über eine Logikfunktion wird zunächst zwischen stationärem und transientem Betrieb unterschieden. Über die Definition eines Verzögerungsglieds erster Ordnung wird ein sprunghaftes Umschalten zwischen dem Modellwert und dem Lambdasondensignal verhindert.

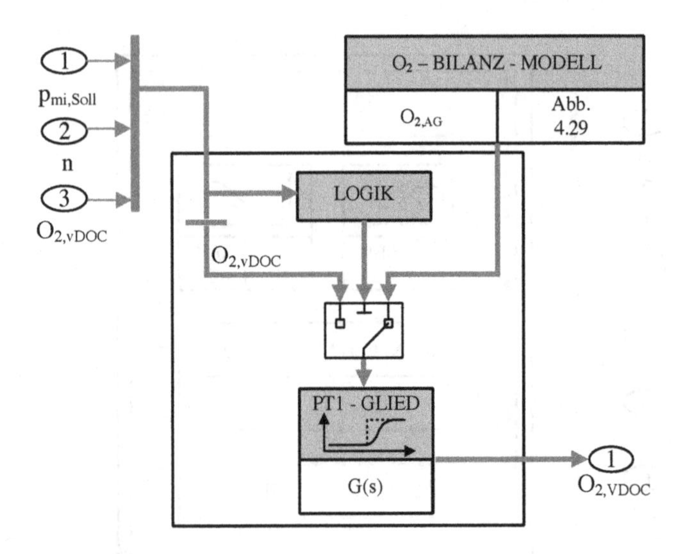

Abbildung A.6: Berechnungsschema der Sensorwertanpassung

Printed in the United States
By Bookmasters